AF900402

Arbeitsheft Warenkunde Bekleidung

3. Auflage

VERLAG EUROPA-LEHRMITTEL · Nourney, Vollmer GmbH & Co. KG
Düsselberger Straße 23 · 42781 Haan-Gruiten

Europa-Nr.: 6220X

Autorinnen:

Eberle, Hannelore	Studiendirektorin	Weingarten
Hornberger, Marianne	Diplom-Modellistin, Fachlehrerin	München

Lektorat und Leitung des Arbeitskreises: Hannelore Eberle

Bildbearbeitung:
Zeichenbüro des Verlages Europa-Lehrmittel, Ostfildern-Nellingen

3. Auflage 2013

Druck 5 4 3 2

Alle Drucke derselben Auflage sind parallel einsetzbar, da sie bis auf die Behebung von Druckfehlern untereinander unverändert sind.

ISBN 978-3-8085-6235-2

http://www.europa-lehrmittel.de
Umschlag: braunwerbeagentur, 42477 Radevormwald
Satz: Satz+Layout Werkstatt Kluth GmbH, 50374 Erftstadt
Druck: B.O.S.S Medien GmbH, 47574 Goch

Vorwort

Das **Arbeitsheft Warenkunde** soll das Anlegen einer Stoffmustersammlung erleichtern. Es basiert weitgehend auf dem Kapitel „Textile Flächen" des Fachbuches **Fachwissen Bekleidung**.

Umfangreiche Informationen über die verwendeten textilen Werkstoffe sind sowohl bei der individuellen Einzelfertigung als auch bei Serienproduktion von Bekleidung erforderlich. Allerdings können Aufbau, Optik, Griff (Haptik) und Fall erst an Hand von Materialproben erkannt bzw. zugeordnet werden. Für eine praxisgerechte Aus- und Weiterbildung ist deshalb eine Stoffsammlung unentbehrlich.

Die Abbildungen der wichtigsten **Oberstoffe, Einlagestoffe** und **Futterstoffe** sind alphabetisch aufgelistet. Soweit vorhanden, können die entsprechenden Warenproben nach der Analyse aufgeklebt werden. Für die systematische Untersuchung und Beschreibung ist ein Bearbeitungsfeld mit den Begriffen Faserrohstoff(e), Garn(e), Flächenaufbau, Veredlung, Merkmale und Verwendung vorgegeben.

Die Seiten sind durch Perforierung herausnehmbar und können in einem Ordner abgeheftet werden. Für die Ergänzung weiterer Stoffe ist eine Kopiervorlage angefügt. Ein individuell gestalteter Anhang mit Gliederung der Handelsbezeichnungen, z. B. nach Faserrohstoffen, Flächenaufbau oder der Zuordnung zu Produktgruppen (DOB, HAKA, BESPO usw.), ist sinnvoll.

Das kontinuierliche Anpassen an technische Neuentwicklungen und die Erfassung aktueller Modetrends ist von grundsätzlicher Bedeutung und sollte stets mit einbezogen werden.

Die **3. Auflage** ist neu gegliedert und erweitert in Abstimmung auf die 10. Auflage von „Fachwissen Bekleidung". Durch Lupenvergrößerung ist die Optik der Stoffe deutlicher zu erkennen. Als einführende Hinweise zur Bearbeitung wurden folgende Ergänzungen vorgenommen:

- Faser-, Garn- und Flächenanalyse
- Textile Flächen: Übersicht
- Merkmale, Eigenschaften, Verwendungsmöglichkeiten textiler Flächen

Für Anregungen, die zur Vervollständigung und Verbesserung beitragen, sind wir jederzeit aufgeschlossen und dankbar.

Sommer 2013 — Autorinnen und Verlag

Inhaltsverzeichnis

Faser-, Garn- und Flächenanalyse

Für die Beurteilung der Eigenschaften und der Verwendungsmöglichkeiten einer textilen Fläche sind die nachstehenden Kriterien von Bedeutung.

- **Faserrohstoff(e)** • **Garn(e)** • **Flächenaufbau** • **Veredlung** • **Merkmale**

Faseranalyse

Um den oder die Faserrohstoff(e) einer Ware festzustellen bzw. zu überprüfen, gibt es verschiedene Prüfmethoden.

- **Brennprobe**
  Mit einer Pinzette werden Fasern, Garne oder der Stoff an eine Flamme herangeführt bzw. in die Flamme gehalten. Die Art der Verbrennung, Verbrennungsgeruch und Rückstand dienen zur Erkennung von Zellulosefasern wie Baumwolle (CO), Leinen (LI), Viskose (CV), Modal (CMD), Cupro (CUP), von Eiweißfasern wie Wolle (WO), Seide (SE), Tierhaare, von Polyamid (PA), Polyester (PES), Polyacrylnitril (PAN), Acetat (CA) und Triacetat (CTA).
- **Reißprobe trocken und nass**
  Beim Weiterreißen eines eingeschnittenen Gewebes bzw. beim Reißen eines Stück Garnes im trockenen sowie im nassen Zustand lassen der Widerstand und die Länge der Faserenden Rückschlüsse auf den Faserstoff zu.
- **Netz-, Saugprobe**
  Die Benetzbarkeit bzw. die Saugfähigkeit können die Zuordnung zu einer Faserstoffgruppe unterstützen.

  Bei entsprechender Laborausstattung können auch die nachfolgenden Prüfmethoden angewandt werden.
- **Löslichkeitsprobe (Chemische Probe)**
  Zur Erkennung vor allem von Mischungen lässt man bestimmte Chemikalien einige Zeit einwirken, Säuren werden konzentriert angewendet.
- **Mikroskopisches Bild**
  Typische Längsansichten, Faserquerschnitte und Oberflächenbilder von bestimmten Faserarten sind gut erkennbar.

Garnanalyse

1: Fadenzähler

Durch Aufdrehen eines Garnes und Betrachten der Fasern mittels eines **Fadenzählers (Bild 1)** bzw. einer Standlupe lässt sich die Struktur erkennen, z. B.

- Spinnfasergarn (kardiert, gekämmt, Streichgarn, Kammgarn)
- Filamentgarn (glatt oder texturiert),
- Einfaches Garn, gefachtes Garn, Zwirn (einstufig, mehrstufig)
- Effektgarn, Effektzwirn (Farb-, Glanz-, Struktureffekt)
- Garne mit einer Kern-Mantel-Struktur

Flächenanalyse

Flächenarten

- **Webwaren:** Gewebe mit zwei Fadensystemen, Gewebe mit drei, vier und mehr Fadensystemen (z. B. Kett- und Schussverstärkte Gewebe, Florgewebe, Schlingengewebe, lancierte bzw. brochierte Gewebe, Doppelgewebe), Gewebe mit besonderer Optik (z. B. Bunt-, Krepp-, Pikeegewebe)
- **Maschenwaren:** Gestricke und Einfadengewirke, Kettengewirke
- **Transparente und durchbrochene Web- und Maschenwaren**
- **Tülle und Spitzen**
- **Faserverbundwaren:** Walkfilz, Vliesstoffe
- **Nähwirkwaren:** Faservlies-Nähgewirk, Fadenlagen-Nähgewirk, Polfaden-Nähgewirk
- **Multitextilien:** Beschichtete Ware, bondierte bzw. kaschierte Ware, Laminat

Bindungsarten

- **Gewebebindungen:** Leinwandbindung, Köperbindung (Kettköper, Schussköper), Atlasbindung (kettatlas, schussatlas), abgeleitete und kombinierte Bindungen (z. B. Rips, Panama, Fischgrat, Jacquard)
- **Bindungen der Gestricke und Einfadengewirke:** Rechts/Links-, Rechts/Rechts-, Links/Links-, Interlock-Bindung, abgeleitete Bindungen (z. B. Fang-, Futter-, Jacquard-, Pikee-, Plüsch-, Ripp-, Webstrickware)
- **Bindungen der Kettengewirke:** Fransen-, Trikot-, Tuch-, Atlaslegung, kombinierte Legungen (z. B. Charmeuse, Rascheltüll, Raschelspitze, Wirkplüsch)

Veredlungsmaßnahmen

Die Textilveredlung (Ausrüstung) kann eine textile Fläche verschönern sowie die Trage, und Pflegeeigenschaften verbessern. Optisch bzw. durch den Griff wahrnehmbar sind

- **Farbgebung:** Färbungen (z. B. bei Buntgeweben), Drucke (z. B. Direkt-, Ätz-, Reservedruck, Flockdruck)
- **Oberflächenveränderungen:** z. B. Beschichten, Chintzen, Kalandern, Merzerisieren, Moirieren, Prägen, Rauen, Plissieren, Transparentieren, Walken

Textile Flächen: Übersicht (1)

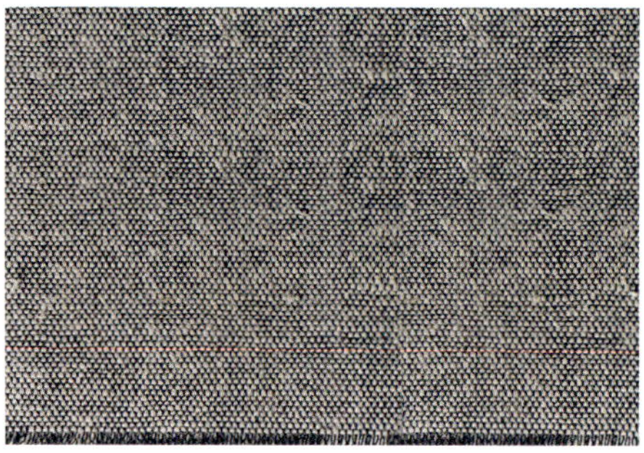

Flächenaufbau **Gewebe**

Merkmale

Verwendung

Flächenaufbau **Geflecht**

Merkmale

Verwendung

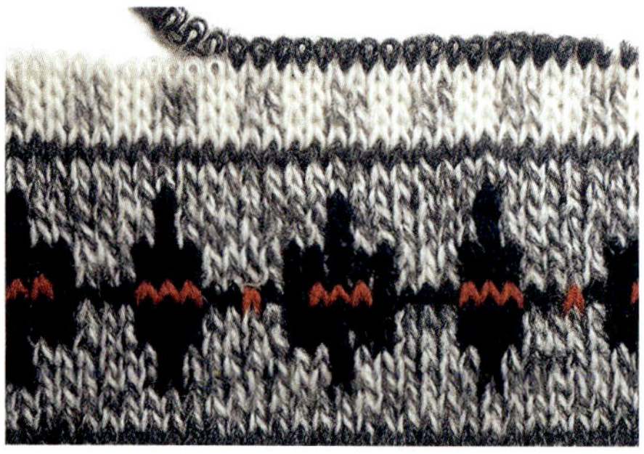

Flächenaufbau **Gestrick, Einfadengewirk**

Merkmale

Verwendung

Flächenaufbau **Kettengewirk**

Merkmale

Verwendung

Flächenaufbau **Walkfilz**

Merkmale

Verwendung

Flächenaufbau **Vliesstoff**

Merkmale

Verwendung

Textile Flächen: Übersicht (2)

Flächenaufbau **Faservlies-Nähgewirk**

Merkmale

Verwendung

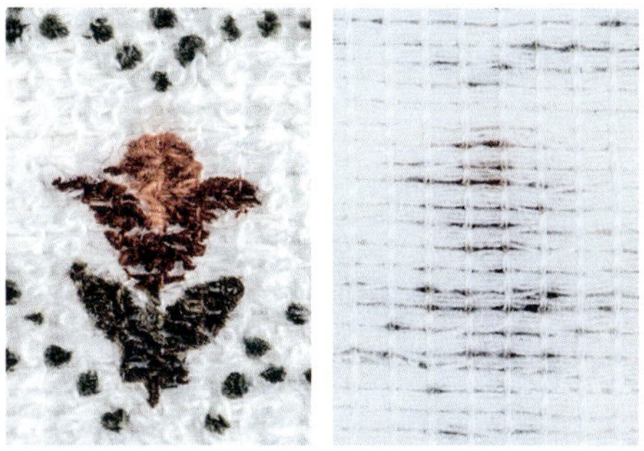

Flächenaufbau **Fadenlagen-Nähgewirk**

Merkmale

Verwendung

Flächenaufbau **Beschichtete Ware**

Merkmale

Verwendung

Flächenaufbau **Bondierte Ware (PolarSkin®)**

Merkmale

Verwendung

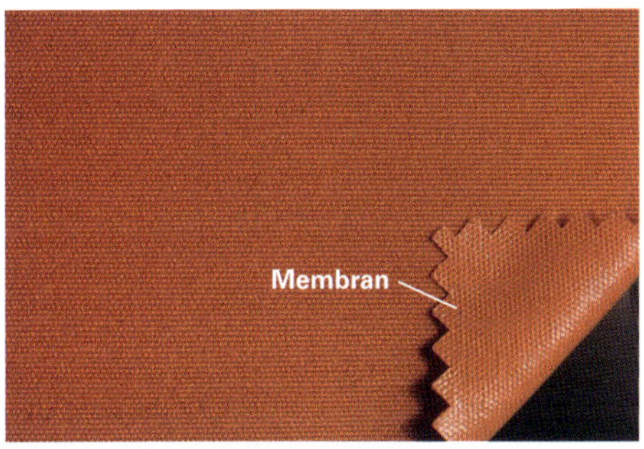

Flächenaufbau **Gewebe mit laminierter Membran (Sympatex®)**

Merkmale

Verwendung

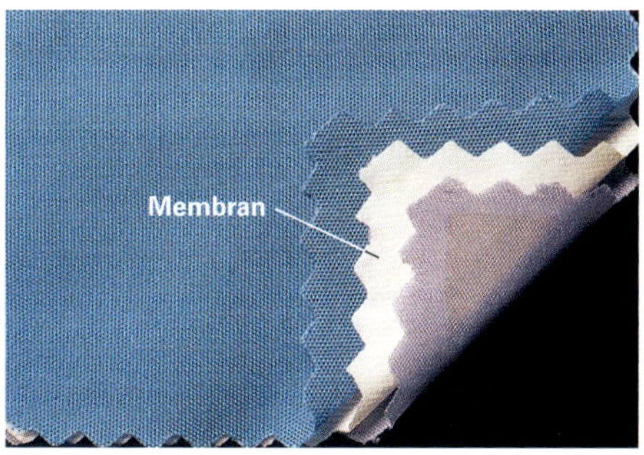

Flächenaufbau **Gewebe mit Membran als Liner (Goretex®)**

Merkmale

Verwendung

Merkmale, Eigenschaften und Verwendung textiler Flächen

Typische Merkmale textiler Flächen

1: Cloqué (rechte und linke Warenseite)

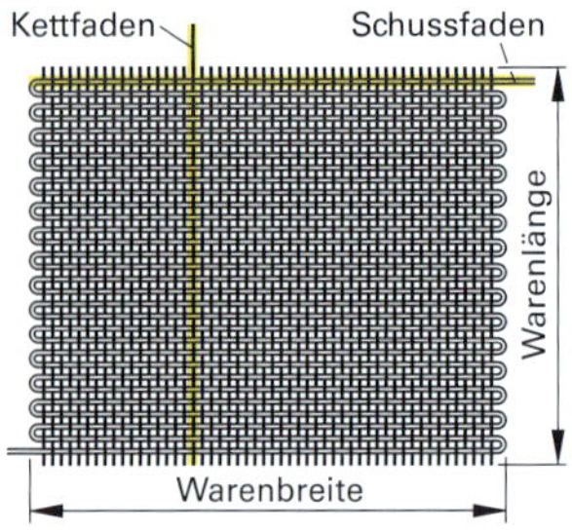

2: Gewebe

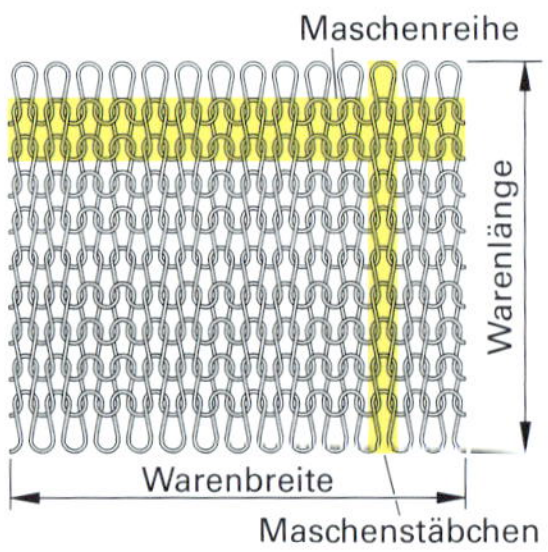

3: Maschenware

Wichtige Kriterien zur Feststellung von Verwendungsmöglichkeiten sind folgende Merkmale:

- **Optisches Erscheinungsbild**
  z. B. Oberflächenstruktur, Farbgebung, Musterung, Lichtbrechung (glänzend oder matt)
- **Dichte, Volumen, Griff (Haptik) und Fall**

Zur Beurteilung und auch bei der späteren Verarbeitung (z. B. beim Zuschneiden) ist die Erkennung der rechten bzw. linken Warenseite sowie der Längs- und Querrichtung von Bedeutung.

Erkennungsmerkmale der rechten und linken Warenseite

Die Oberfläche der Ober- bzw. Schauseite ist glatter, gleichmäßiger, Bindungsbild und Druck-Motive sind deutlicher erkennbar, der Faserflor ist eventuell richtungsorientiert (Strichflor).

Die linke Warenseite (Abseite) zeigt oft ein unauffälligeres Bindungsbild, sie wird mit weniger Aufwand ausgerüstet, ist eventuell geraut.

Erkennungsmerkmale der Längs- und Querrichtung

Bei **Geweben** verläuft die Webkante in Längsrichtung (Kettrichtung). Die Kettfäden, mit denen die Stabilität erreicht werden soll, sind meist glatter und gleichmäßiger, stärker gedreht und dichter gestellt als die Schussfäden. Der Verlauf von Strichflor und richtungsorientierten Mustern (Kopfmuster, Nadelstreifen, Fischgrat) erfolgt in Längsrichtung.

Die in Querrichtung verlaufenden Schussfäden haben die Aufgabe, das Gewebe zu füllen. Sie sind oft loser gedreht und voluminöser. Effektgarne sind häufig nur in Schussrichtung zu finden.

Maschenwaren sind in der Regel in Querrichtung dehnfähiger als in Längsrichtung. Bei Strickwaren und Einfadengewirken ist der senkrechte Maschenverlauf erkennbar, es können Laufmaschen entstehen. Kettengewirke sind in Querrichtung eingeschränkt dehnfähig, in Längsrichtung relativ formstabil.

Eigenschaften textiler Flächen

Unterschiedliche Eigenschaften ergeben sich durch den/die Faserrohstoff(e), die Garnstruktur, aus dem textilen Flächenaufbau sowie durch die Veredlungsmaßnahmen. Sie sind wesentliche Gesichtspunkte für die Beurteilung des Einsatzes. Bei Bekleidungstextilien sind die nachfolgenden Kriterien von Bedeutung.

- **Strapazierfähigkeit:** reißfest, scheuerfest, knitterresistent, abriebfest
- **Trageverhalten:** trageangenehm, warm haltend, Feuchtigkeit aufnehmend, porös
- **Pflegeverhalten:** waschbar, hitzebeständig, pflegeleicht, einlaufsicher, formbeständig, farbecht
- **Verarbeitbarkeit:** schiebefest, formbar

Verwendungsmöglichkeiten für textile Flächen (Einsatzgebiete)

Oberstoffe für

- **Damenoberbekleidung (DOB):** Kleider, Blusen, Röcke, Hosen, Kostüme, Jacken, Mäntel
- **Herren- und Knabenbekleidung (HAKA):** Hosen, Westen, Anzüge, Jacken, Mäntel
- **Gesellschaftskleidung:** Anlassmode, Braut- und Abendmode
- **Berufs- und Sportbekleidung (BESPO):** Arbeits-, Schutzbekleidung, Sportkleidung, Jeanskleidung
- **Maschenoberbekleidung:** T-Shirts, Sweat-Shirts, Pullover, Pullunder, Strickwesten, Strickjacken, Strickkleider, Röcke, Hosen und Mäntel aus Strickware
- **Homewear und Freizeitbekleidung:** Hausanzüge, Joggingkleidung
- **Wäsche:** Oberhemden, Unterwäsche, Nachtwäsche, Damenwäsche, Babywäsche, Taschentücher
- **Badebekleidung und Miederwaren:** Badehosen, Badeanzüge, Bikinis, Dessous
- **Accessoires:** Krawatten, Tücher, Schals, Mützen, Ansteckblumen, Gürtel
- **Dekorationen:** Vorhänge, Gardinen, Tischdecken, Sets, Überwürfe

Einlagestoffe als Fronteinlage, zur Stabilisierung von Kanten, Kleinteilfixierung, Plack-Abdeckung usw.

Futterstoffe für Leib-, Rock-, Westen-, Ärmel-, Vorderhosen-, Taschen-, Bund-, Warmfutter usw.

Oberstoffe: Afghalaine bis Ajour-Maschenware

Afghalaine

Faserstoff(e) ______

Garn(e) ______

Flächenaufbau ______

Veredlung ______

Merkmale ______

Verwendung ______

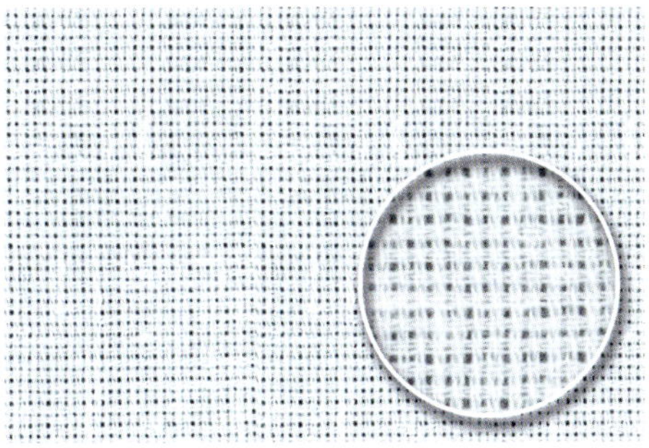

Aida

Faserstoff(e) ______

Garn(e) ______

Flächenaufbau ______

Veredlung ______

Merkmale ______

Verwendung ______

Ajour, Ajouré

Faserstoff(e) ______

Garn(e) ______

Flächenaufbau ______

Veredlung ______

Merkmale ______

Verwendung ______

Ajour-Maschenware

Faserstoff(e) ______

Garn(e) ______

Flächenaufbau ______

Veredlung ______

Merkmale ______

Verwendung ______

Oberstoffe: Alcantara bis Ausbrenner

Faserstoff(e) ______________________

Garn(e) ______________________

Flächenaufbau ______________________

Veredlung ______________________

Merkmale ______________________

Verwendung ______________________

Alcantara, Amaretta

Faserstoff(e) ______________________

Garn(e) ______________________

Flächenaufbau ______________________

Veredlung ______________________

Merkmale ______________________

Verwendung ______________________

Ätzsamt, Velours dévoré

Faserstoff(e) ______________________

Garn(e) ______________________

Flächenaufbau ______________________

Veredlung ______________________

Merkmale ______________________

Verwendung ______________________

Ätzspitze

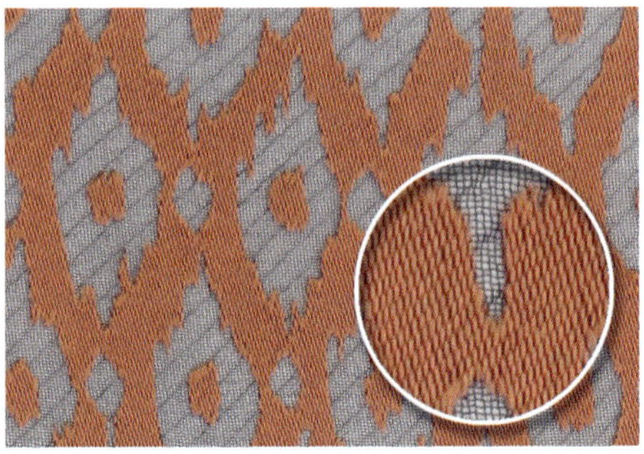

Faserstoff(e) ______________________

Garn(e) ______________________

Flächenaufbau ______________________

Veredlung ______________________

Merkmale ______________________

Verwendung ______________________

Ausbrenner, Dévoré

Oberstoffe: Babycord bis Batist-Satin

Babycord, Millrayé

Faserstoff(e) ______

Garn(e) ______

Flächenaufbau ______

Veredlung ______

Merkmale ______

Verwendung ______

Barré, Rips-Satin barré

Faserstoff(e) ______

Garn(e) ______

Flächenaufbau ______

Veredlung ______

Merkmale ______

Verwendung ______

Batist

Faserstoff(e) ______

Garn(e) ______

Flächenaufbau ______

Veredlung ______

Merkmale ______

Verwendung ______

Batist-Satin imprimé ajouré

Faserstoff(e) ______

Garn(e) ______

Flächenaufbau ______

Veredlung ______

Merkmale ______

Verwendung ______

Oberstoffe: Borkenkrepp bis Broché

Faserstoff(e) ______

Garn(e) ______

Flächenaufbau ______

Veredlung ______

Merkmale ______

Verwendung ______

Borkenkrepp

Faserstoff(e) ______

Garn(e) ______

Flächenaufbau ______

Veredlung ______

Merkmale ______

Verwendung ______

Bouclé

Faserstoff(e) ______

Garn(e) ______

Flächenaufbau ______

Veredlung ______

Merkmale ______

Verwendung ______

Bourette

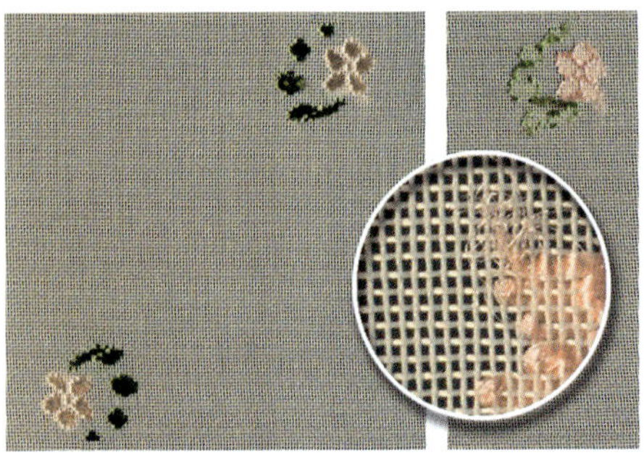

Faserstoff(e) ______

Garn(e) ______

Flächenaufbau ______

Veredlung ______

Merkmale ______

Verwendung ______

Broché

Oberstoffe: Brodé bis Buntsatin

Brodé

Faserstoff(e) ____

Garn(e) ____

Flächenaufbau ____

Veredlung ____

Merkmale ____

Verwendung ____

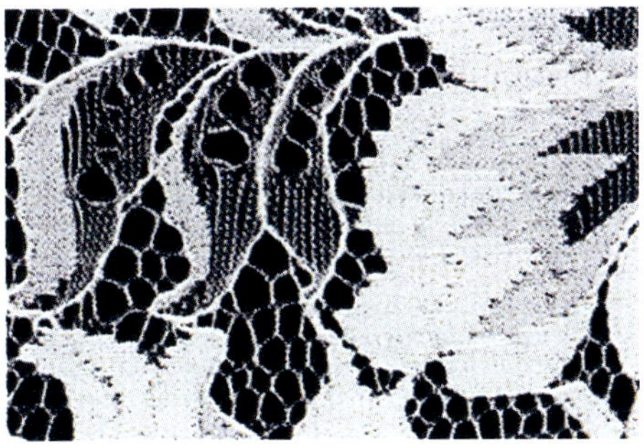

Brodélacé

Faserstoff(e) ____

Garn(e) ____

Flächenaufbau ____

Veredlung ____

Merkmale ____

Verwendung ____

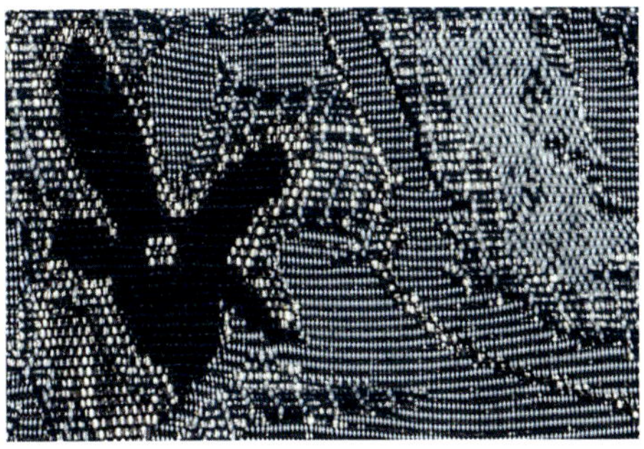

Brokat

Faserstoff(e) ____

Garn(e) ____

Flächenaufbau ____

Veredlung ____

Merkmale ____

Verwendung ____

Buntsatin

Faserstoff(e) ____

Garn(e) ____

Flächenaufbau ____

Veredlung ____

Merkmale ____

Verwendung ____

Oberstoffe: Canvas bis Charmelaine

Canvas

Faserstoff(e)

Garn(e)

Flächenaufbau

Veredlung

Merkmale

Verwendung

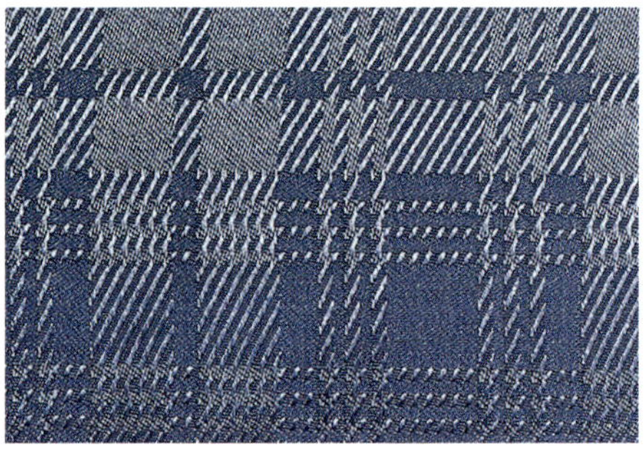

Carré, Satin carré

Faserstoff(e)

Garn(e)

Flächenaufbau

Veredlung

Merkmale

Verwendung

Changeant, Taft changeant

Faserstoff(e)

Garn(e)

Flächenaufbau

Veredlung

Merkmale

Verwendung

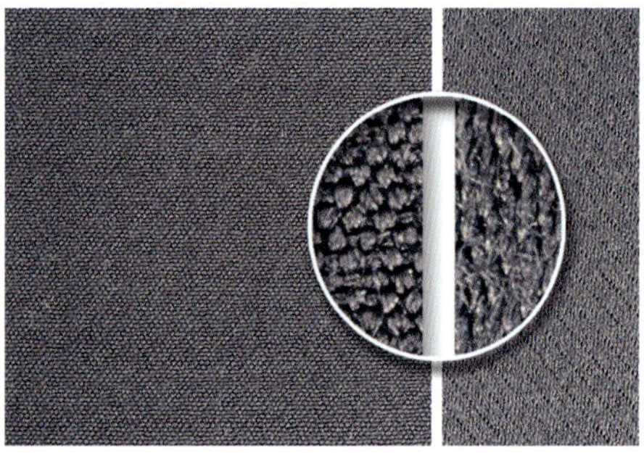

Charmelaine

Faserstoff(e)

Garn(e)

Flächenaufbau

Veredlung

Merkmale

Verwendung

Oberstoffe: Charmeuse bis Chiffon

Charmeuse

Faserstoff(e)

Garn(e)

Flächenaufbau

Veredlung

Merkmale

Verwendung

Chenille

Faserstoff(e)

Garn(e)

Flächenaufbau

Veredlung

Merkmale

Verwendung

Cheviot

Faserstoff(e)

Garn(e)

Flächenaufbau

Veredlung

Merkmale

Verwendung

Chiffon, Crêpe chiffon

Faserstoff(e)

Garn(e)

Flächenaufbau

Veredlung

Merkmale

Verwendung

Oberstoffe: Chiné bis Cloqué

Chiné

Faserstoff(e) ____________________

Garn(e) ____________________

Flächenaufbau ____________________

Veredlung ____________________

Merkmale ____________________

Verwendung ____________________

Chintz

Faserstoff(e) ____________________

Garn(e) ____________________

Flächenaufbau ____________________

Veredlung ____________________

Merkmale ____________________

Verwendung ____________________

Ciré

Faserstoff(e) ____________________

Garn(e) ____________________

Flächenaufbau ____________________

Veredlung ____________________

Merkmale ____________________

Verwendung ____________________

Cloqué

Faserstoff(e) ____________________

Garn(e) ____________________

Flächenaufbau ____________________

Veredlung ____________________

Merkmale ____________________

Verwendung ____________________

Oberstoffe: Cordsamt bis Crêpe de Chine

Cordsamt

Faserstoff(e) ______

Garn(e) ______

Flächenaufbau ______

Veredlung ______

Merkmale ______

Verwendung ______

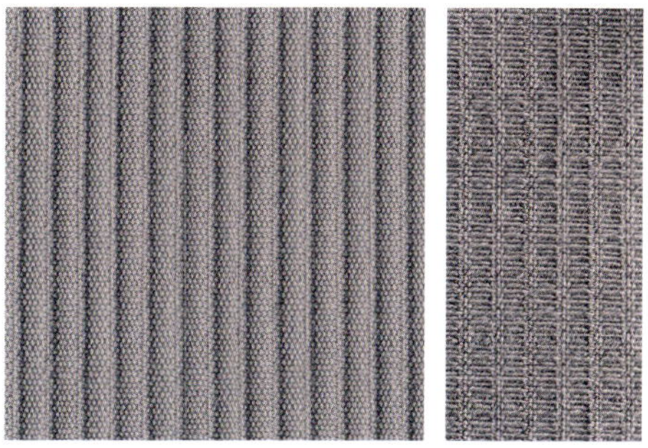

Côtelé, Cord

Faserstoff(e) ______

Garn(e) ______

Flächenaufbau ______

Veredlung ______

Merkmale ______

Verwendung ______

Crash, Crinkle

Faserstoff(e) ______

Garn(e) ______

Flächenaufbau ______

Veredlung ______

Merkmale ______

Verwendung ______

Crêpe de Chine

Faserstoff(e) ______

Garn(e) ______

Flächenaufbau ______

Veredlung ______

Merkmale ______

Verwendung ______

Oberstoffe: Crêpe Georgette bis Crêpe Satin

Faserstoff(e) ________

Garn(e) ________

Flächenaufbau ________

Veredlung ________

Merkmale ________

Verwendung ________

Crêpe Georgette

Faserstoff(e) ________

Garn(e) ________

Flächenaufbau ________

Veredlung ________

Merkmale ________

Verwendung ________

Crêpe lavable

Faserstoff(e) ________

Garn(e) ________

Flächenaufbau ________

Veredlung ________

Merkmale ________

Verwendung ________

Crêpe marocain

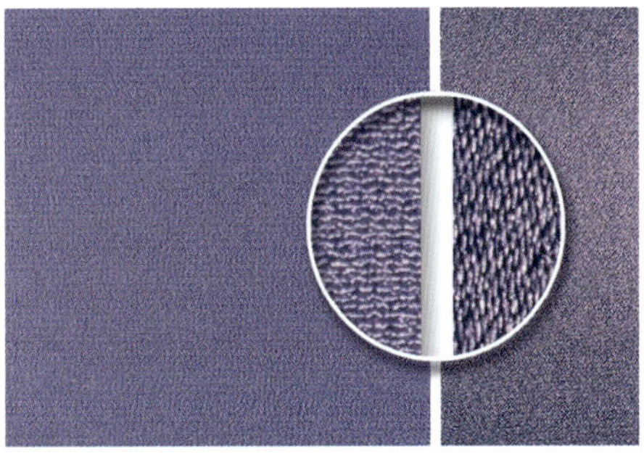

Faserstoff(e) ________

Garn(e) ________

Flächenaufbau ________

Veredlung ________

Merkmale ________

Verwendung ________

Crêpe Satin

Oberstoffe: Croisé bis Dégradé

Croisé

Faserstoff(e)

Garn(e)

Flächenaufbau

Veredlung

Merkmale

Verwendung

Damassé changeant

Faserstoff(e)

Garn(e)

Flächenaufbau

Veredlung

Merkmale

Verwendung

Damast

Faserstoff(e)

Garn(e)

Flächenaufbau

Veredlung

Merkmale

Verwendung

Dégradé, Georgette rayé dégradé

Faserstoff(e)

Garn(e)

Flächenaufbau

Veredlung

Merkmale

Verwendung

Oberstoffe: Denim bis Doppelripp

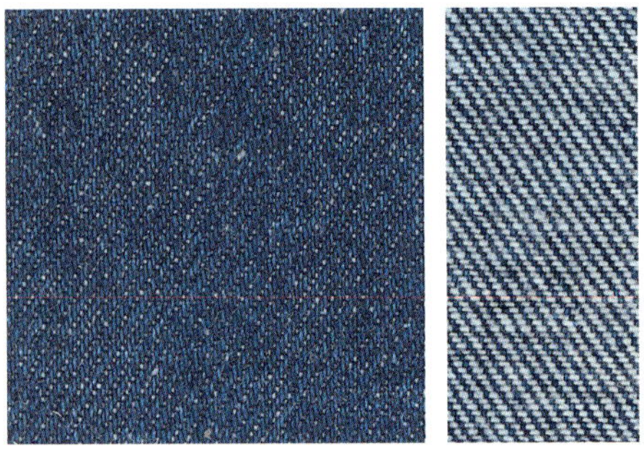

Faserstoff(e) ______

Garn(e) ______

Flächenaufbau ______

Veredlung ______

Merkmale ______

Verwendung ______

Denim

Faserstoff(e) ______

Garn(e) ______

Flächenaufbau ______

Veredlung ______

Merkmale ______

Verwendung ______

Diagonal

Faserstoff(e) ______

Garn(e) ______

Flächenaufbau ______

Veredlung ______

Merkmale ______

Verwendung ______

Donegal

Faserstoff(e) ______

Garn(e) ______

Flächenaufbau ______

Veredlung ______

Merkmale ______

Verwendung ______

Doppelripp

Oberstoffe: Doubleface bis Duchesse

Faserstoff(e) ________
Garn(e) ________
Flächenaufbau ________
Veredlung ________
Merkmale ________
Verwendung ________

Doubleface

Faserstoff(e) ________
Garn(e) ________
Flächenaufbau ________
Veredlung ________
Merkmale ________
Verwendung ________

Dupion

Faserstoff(e) ________
Garn(e) ________
Flächenaufbau ________
Veredlung ________
Merkmale ________
Verwendung ________

Drapé

Faserstoff(e) ________
Garn(e) ________
Flächenaufbau ________
Veredlung ________
Merkmale ________
Verwendung ________

Duchesse

Oberstoffe: Duvetine bis Faille

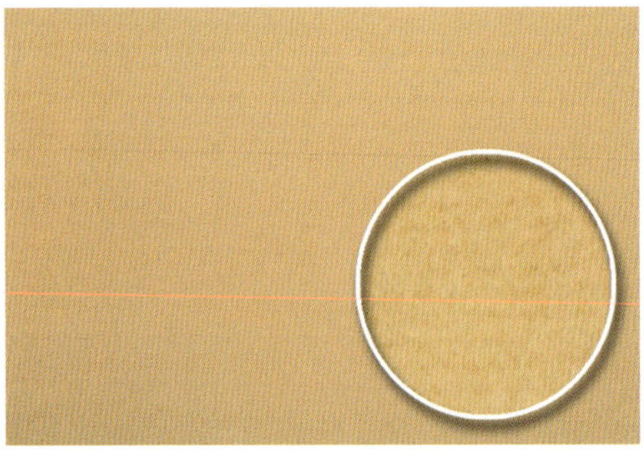

Faserstoff(e)

Garn(e)

Flächenaufbau

Veredlung

Merkmale

Verwendung

Duvetine

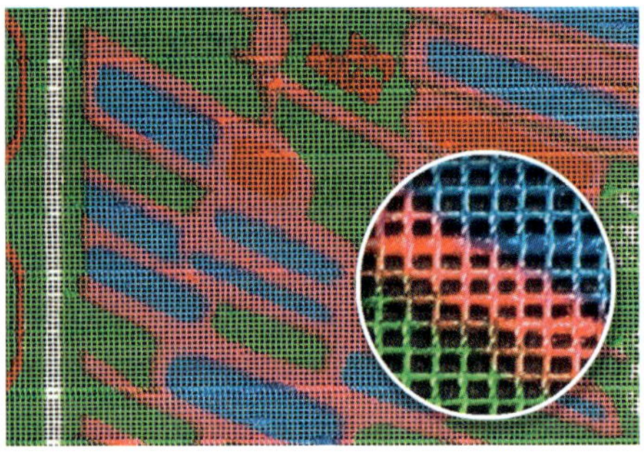

Faserstoff(e)

Garn(e)

Flächenaufbau

Veredlung

Merkmale

Verwendung

Etamine

Faserstoff(e)

Garn(e)

Flächenaufbau

Veredlung

Merkmale

Verwendung

Façonné

Faserstoff(e)

Garn(e)

Flächenaufbau

Veredlung

Merkmale

Verwendung

Faille

Oberstoffe: Fang bis Fil-à-fil

Faserstoff(e) ____

Garn(e) ____

Flächenaufbau ____

Veredlung ____

Merkmale ____

Verwendung ____

Fang

Faserstoff(e) ____

Garn(e) ____

Flächenaufbau ____

Veredlung ____

Merkmale ____

Verwendung ____

Feinripp

Faserstoff(e) ____

Garn(e) ____

Flächenaufbau ____

Veredlung ____

Merkmale ____

Verwendung ____

Figuré, Soìelaine-Satin figuré

Faserstoff(e) ____

Garn(e) ____

Flächenaufbau ____

Veredlung ____

Merkmale ____

Verwendung ____

Fil-à-fil

Oberstoffe: Filetspitze bis Flammé

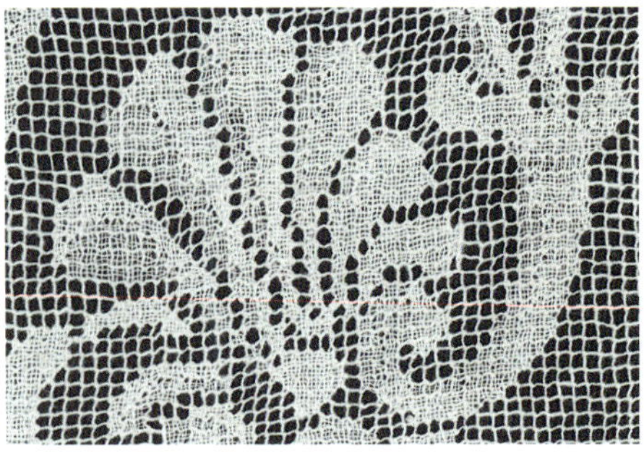

Filetspitze

Faserstoff(e) ____________________

Garn(e) ____________________

Flächenaufbau ____________________

Veredlung ____________________

Merkmale ____________________

Verwendung ____________________

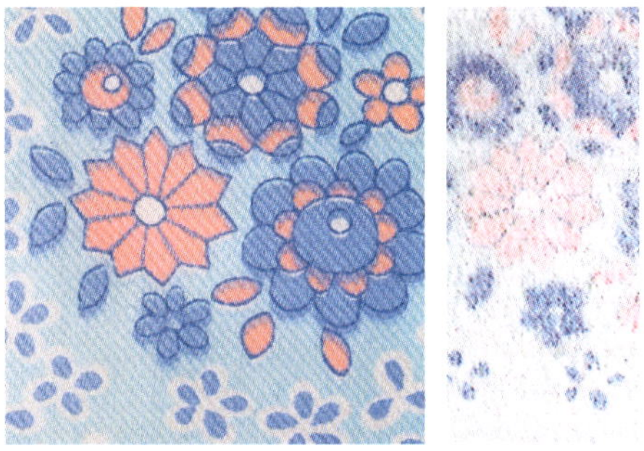

Finette

Faserstoff(e) ____________________

Garn(e) ____________________

Flächenaufbau ____________________

Veredlung ____________________

Merkmale ____________________

Verwendung ____________________

Fischgrat

Faserstoff(e) ____________________

Garn(e) ____________________

Flächenaufbau ____________________

Veredlung ____________________

Merkmale ____________________

Verwendung ____________________

Flammé bicolor

Faserstoff(e) ____________________

Garn(e) ____________________

Flächenaufbau ____________________

Veredlung ____________________

Merkmale ____________________

Verwendung ____________________

Oberstoffe: Flanell bis Flockprint

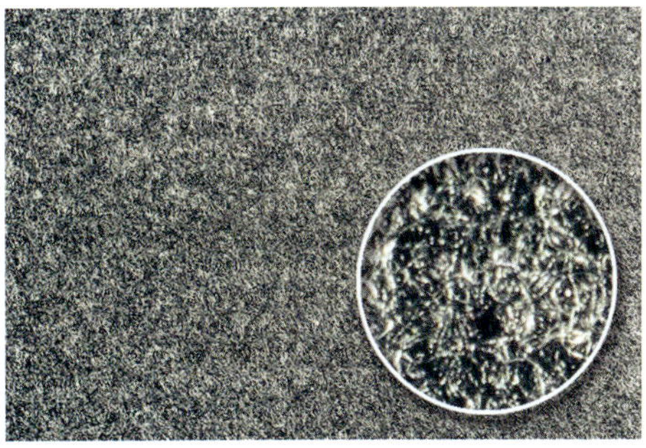

Flanell

Faserstoff(e)

Garn(e)

Flächenaufbau

Veredlung

Merkmale

Verwendung

Flausch

Faserstoff(e)

Garn(e)

Flächenaufbau

Veredlung

Merkmale

Verwendung

Fleece

Faserstoff(e)

Garn(e)

Flächenaufbau

Veredlung

Merkmale

Verwendung

Flockprint

Faserstoff(e)

Garn(e)

Flächenaufbau

Veredlung

Merkmale

Verwendung

Oberstoffe: Florentiner Tüll bis Frisé

Faserstoff(e) __________

Garn(e) __________

Flächenaufbau __________

Veredlung __________

Merkmale __________

Verwendung __________

Florentiner Tüll

Faserstoff(e) __________

Garn(e) __________

Flächenaufbau __________

Veredlung __________

Merkmale __________

Verwendung __________

Foulé

Faserstoff(e) __________

Garn(e) __________

Flächenaufbau __________

Veredlung __________

Merkmale __________

Verwendung __________

Fresko

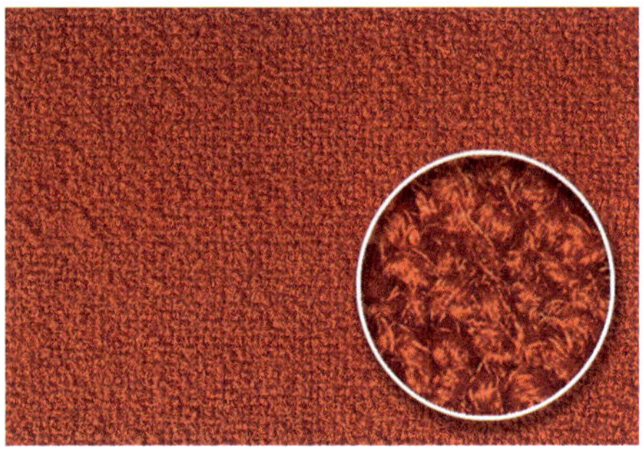

Faserstoff(e) __________

Garn(e) __________

Flächenaufbau __________

Veredlung __________

Merkmale __________

Verwendung __________

Frisé

Oberstoffe: Frotté bis Gabardine

Frotté

Faserstoff(e)

Garn(e)

Flächenaufbau

Veredlung

Merkmale

Verwendung

Frottier

Faserstoff(e)

Garn(e)

Flächenaufbau

Veredlung

Merkmale

Verwendung

Futterware

Faserstoff(e)

Garn(e)

Flächenaufbau

Veredlung

Merkmale

Verwendung

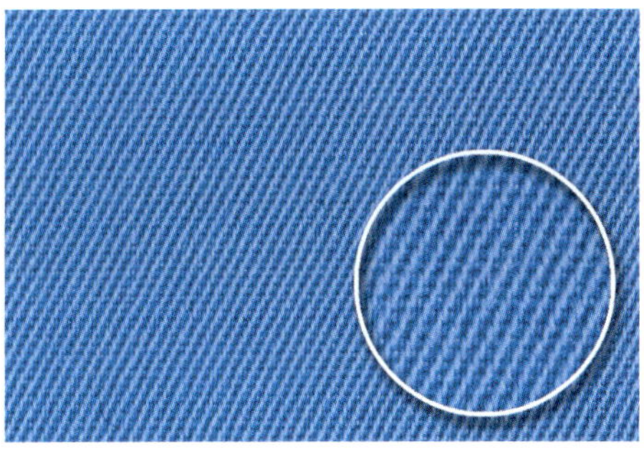

Gabardine

Faserstoff(e)

Garn(e)

Flächenaufbau

Veredlung

Merkmale

Verwendung

Oberstoffe: Gaufré bis Glencheck

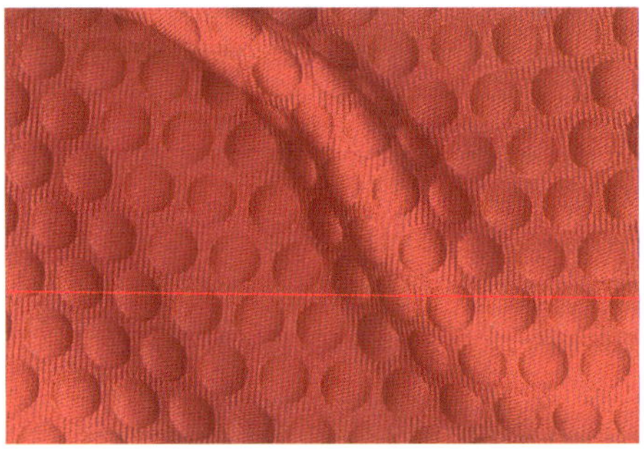

Faserstoff(e) ________

Garn(e) ________

Flächenaufbau ________

Veredlung ________

Merkmale ________

Verwendung ________

Gaufré

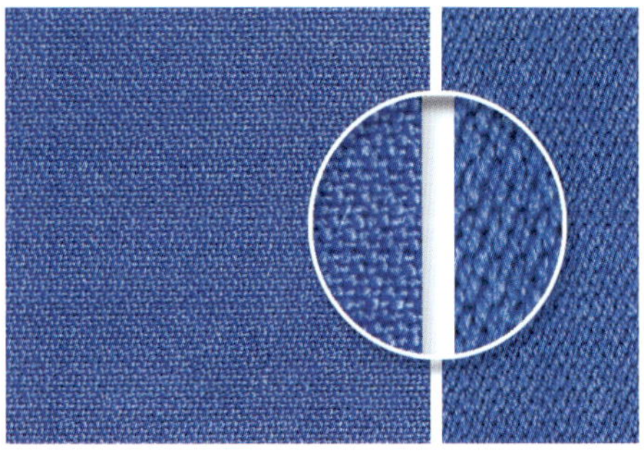

Faserstoff(e) ________

Garn(e) ________

Flächenaufbau ________

Veredlung ________

Merkmale ________

Verwendung ________

Glacé

Faserstoff(e) ________

Garn(e) ________

Flächenaufbau ________

Veredlung ________

Merkmale ________

Verwendung ________

Glasbatist

Faserstoff(e) ________

Garn(e) ________

Flächenaufbau ________

Veredlung ________

Merkmale ________

Verwendung ________

Glencheck

Oberstoffe: Granité bis Henkelplüsch

Faserstoff(e) ________________________________

Garn(e) ________________________________

Flächenaufbau ________________________________

Veredlung ________________________________

Merkmale ________________________________

Verwendung ________________________________

Granité

Faserstoff(e) ________________________________

Garn(e) ________________________________

Flächenaufbau ________________________________

Veredlung ________________________________

Merkmale ________________________________

Verwendung ________________________________

Hahnentritt

Faserstoff(e) ________________________________

Garn(e) ________________________________

Flächenaufbau ________________________________

Veredlung ________________________________

Merkmale ________________________________

Verwendung ________________________________

Harris-Tweed

Faserstoff(e) ________________________________

Garn(e) ________________________________

Flächenaufbau ________________________________

Veredlung ________________________________

Merkmale ________________________________

Verwendung ________________________________

Henkelplüsch

Oberstoffe: Hinterlegware bis Interlock

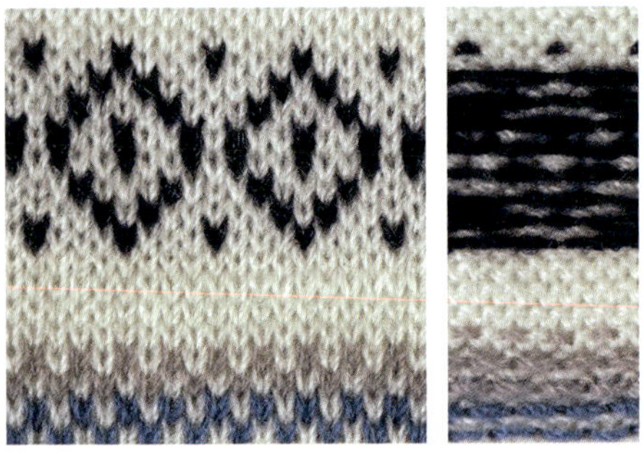

Faserstoff(e) ______
Garn(e) ______
Flächenaufbau ______
Veredlung ______
Merkmale ______
Verwendung ______

Hinterlegware, Rechts/Links hinterlegt

Faserstoff(e) ______
Garn(e) ______
Flächenaufbau ______
Veredlung ______
Merkmale ______
Verwendung ______

Homespun

Faserstoff(e) ______
Garn(e) ______
Flächenaufbau ______
Veredlung ______
Merkmale ______
Verwendung ______

Honanseide

Faserstoff(e) ______
Garn(e) ______
Flächenaufbau ______
Veredlung ______
Merkmale ______
Verwendung ______

Interlock plattiert

Oberstoffe: Jacquardgewebe bis Javanese

Faserstoff(e) ______

Garn(e) ______

Flächenaufbau ______

Veredlung ______

Merkmale ______

Verwendung ______

Jacquard(gewebe)

Faserstoff(e) ______

Garn(e) ______

Flächenaufbau ______

Veredlung ______

Merkmale ______

Verwendung ______

Jacquard-Maschenware

Faserstoff(e) ______

Garn(e) ______

Flächenaufbau ______

Veredlung ______

Merkmale ______

Verwendung ______

Jägerleinen

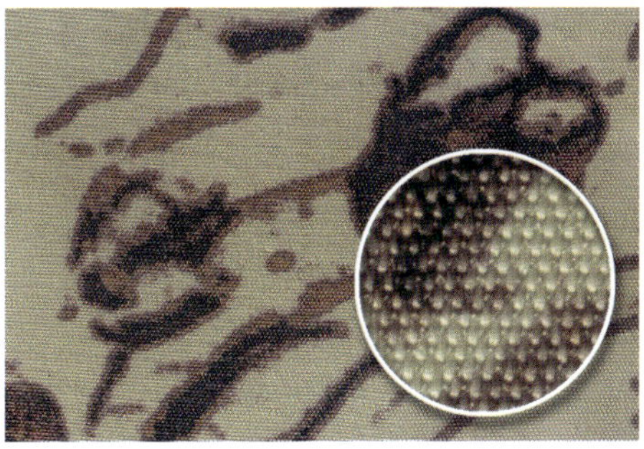

Faserstoff(e) ______

Garn(e) ______

Flächenaufbau ______

Veredlung ______

Merkmale ______

Verwendung ______

Javanese

Oberstoffe: Käseleinen bis Klöppelspitze

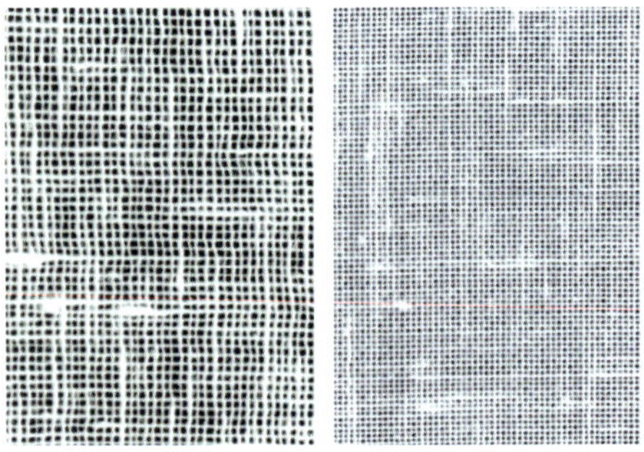

Käseleinen, Indisch Leinen

Faserstoff(e) ______________________________

Garn(e) ______________________________

Flächenaufbau ______________________________

Veredlung ______________________________

Merkmale ______________________________

Verwendung ______________________________

Kattun

Faserstoff(e) ______________________________

Garn(e) ______________________________

Flächenaufbau ______________________________

Veredlung ______________________________

Merkmale ______________________________

Verwendung ______________________________

Kettenwirkfrottier

Faserstoff(e) ______________________________

Garn(e) ______________________________

Flächenaufbau ______________________________

Veredlung ______________________________

Merkmale ______________________________

Verwendung ______________________________

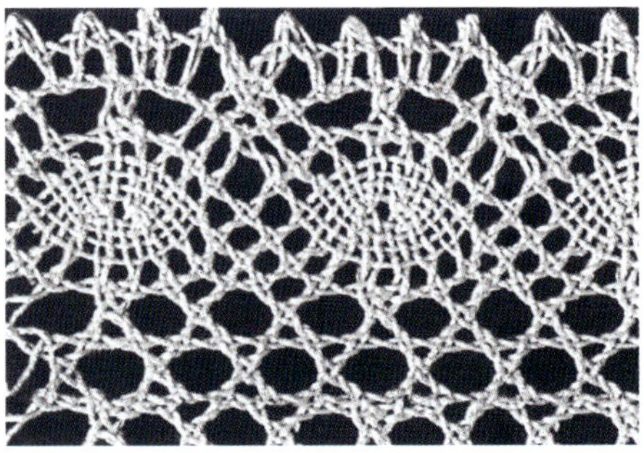

Klöppelspitze

Faserstoff(e) ______________________________

Garn(e) ______________________________

Flächenaufbau ______________________________

Veredlung ______________________________

Merkmale ______________________________

Verwendung ______________________________

Oberstoffe: Kräuselkrepp bis Krimmer

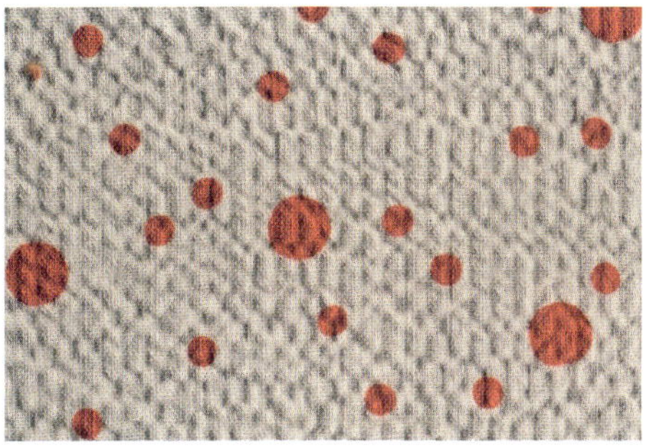

Faserstoff(e) _____

Garn(e) _____

Flächenaufbau _____

Veredlung _____

Merkmale _____

Verwendung _____

Kräuselkrepp

Faserstoff(e) _____

Garn(e) _____

Flächenaufbau _____

Veredlung _____

Merkmale _____

Verwendung _____

Kreidestreifen

Faserstoff(e) _____

Garn(e) _____

Flächenaufbau _____

Veredlung _____

Merkmale _____

Verwendung _____

Kretonne, Cretonne

Faserstoff(e) _____

Garn(e) _____

Flächenaufbau _____

Veredlung _____

Merkmale _____

Verwendung _____

Krimmer

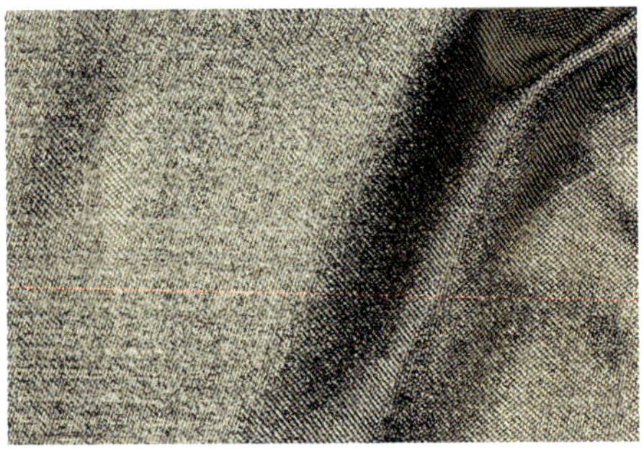

Lamé

Faserstoff(e) ______
Garn(e) ______
Flächenaufbau ______
Veredlung ______
Merkmale ______
Verwendung ______

Lancé, Lancé découpé, Découpé

Faserstoff(e) ______
Garn(e) ______
Flächenaufbau ______
Veredlung ______
Merkmale ______
Verwendung ______

Leinengewebe

Faserstoff(e) ______
Garn(e) ______
Flächenaufbau ______
Veredlung ______
Merkmale ______
Verwendung ______

Liberty

Faserstoff(e) ______
Garn(e) ______
Flächenaufbau ______
Veredlung ______
Merkmale ______
Verwendung ______

Oberstoffe: Links/Links-Ware bis Loden

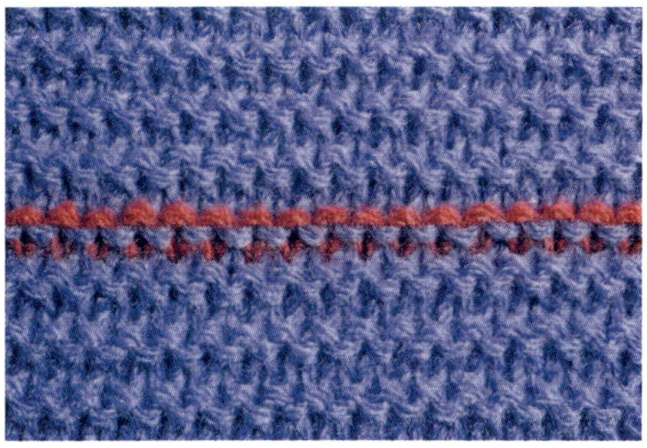

Faserstoff(e) ______

Garn(e) ______

Flächenaufbau ______

Veredlung ______

Merkmale ______

Verwendung ______

Links/Links-Ware

Faserstoff(e) ______

Garn(e) ______

Flächenaufbau ______

Veredlung ______

Merkmale ______

Verwendung ______

Links/Links gemustert

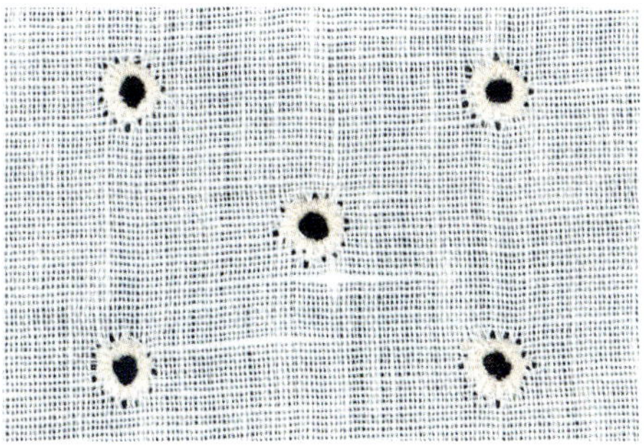

Faserstoff(e) ______

Garn(e) ______

Flächenaufbau ______

Veredlung ______

Merkmale ______

Verwendung ______

Lochstickerei

Faserstoff(e) ______

Garn(e) ______

Flächenaufbau ______

Veredlung ______

Merkmale ______

Verwendung ______

Loden

Oberstoffe: Loop bis Madras

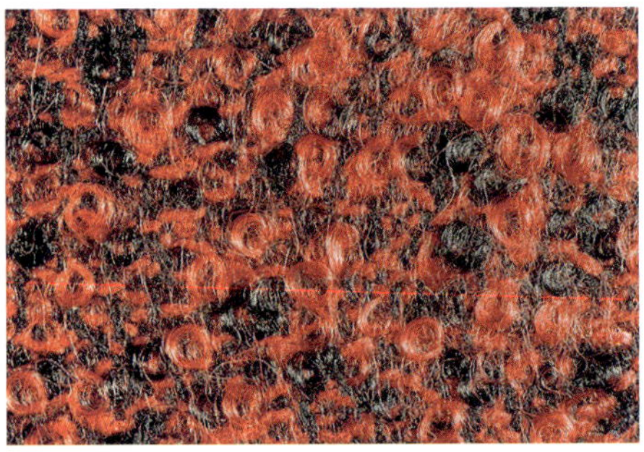

Loop

Faserstoff(e) __________

Garn(e) __________

Flächenaufbau __________

Veredlung __________

Merkmale __________

Verwendung __________

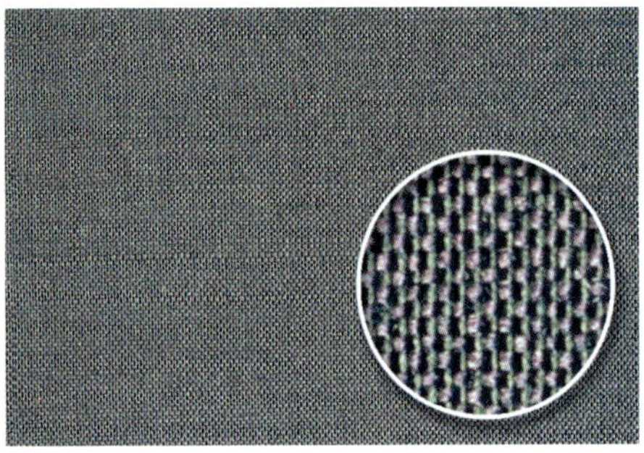

Lüster

Faserstoff(e) __________

Garn(e) __________

Flächenaufbau __________

Veredlung __________

Merkmale __________

Verwendung __________

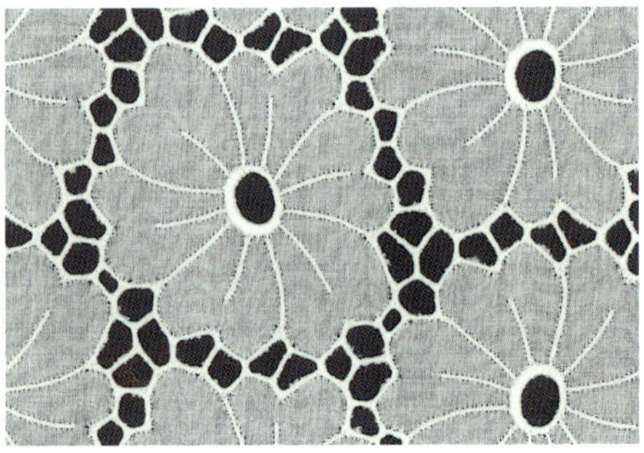

Madeirastickerei

Faserstoff(e) __________

Garn(e) __________

Flächenaufbau __________

Veredlung __________

Merkmale __________

Verwendung __________

Madras

Faserstoff(e) __________

Garn(e) __________

Flächenaufbau __________

Veredlung __________

Merkmale __________

Verwendung __________

Oberstoffe: Marengo bis Melton

Faserstoff(e) ______________________________________

Garn(e) ______________________________________

Flächenaufbau ______________________________________

Veredlung ______________________________________

Merkmale ______________________________________

Verwendung ______________________________________

Marengo

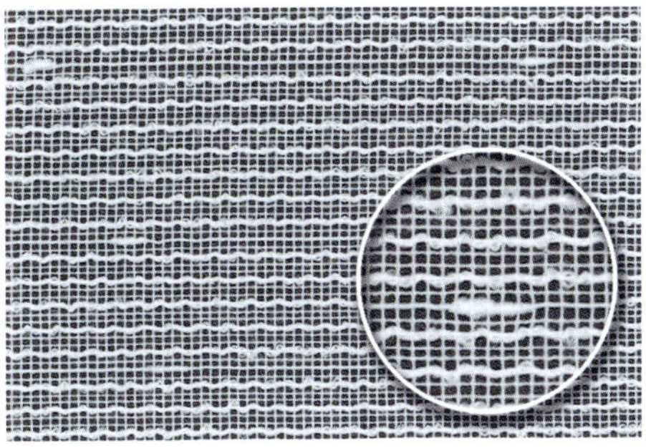

Faserstoff(e) ______________________________________

Garn(e) ______________________________________

Flächenaufbau ______________________________________

Veredlung ______________________________________

Merkmale ______________________________________

Verwendung ______________________________________

Marquisette

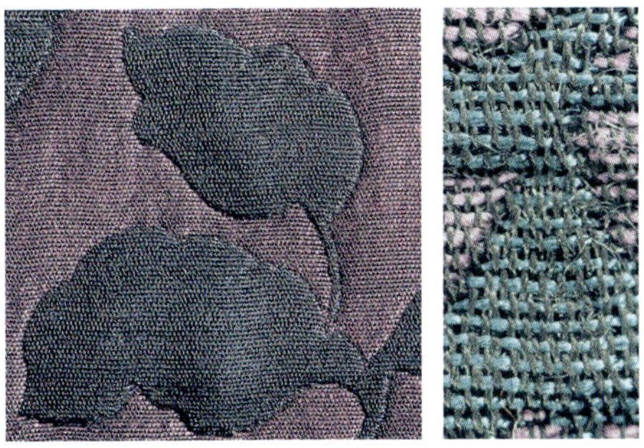

Faserstoff(e) ______________________________________

Garn(e) ______________________________________

Flächenaufbau ______________________________________

Veredlung ______________________________________

Merkmale ______________________________________

Verwendung ______________________________________

Matelassé

Faserstoff(e) ______________________________________

Garn(e) ______________________________________

Flächenaufbau ______________________________________

Veredlung ______________________________________

Merkmale ______________________________________

Verwendung ______________________________________

Melton

Oberstoffe: Mikrofaser-Gewebe bis Mouliné

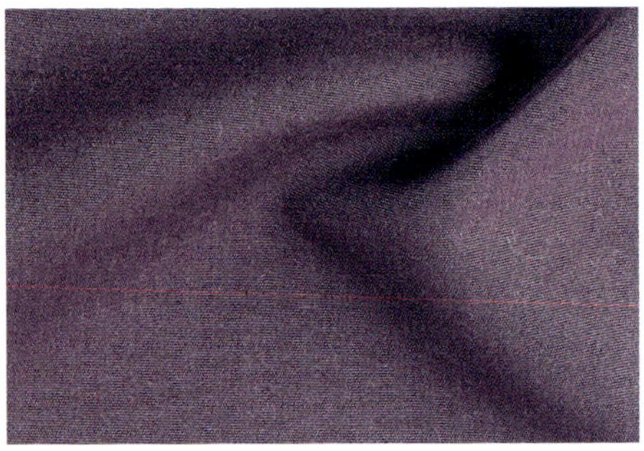

Mikrofasergewebe

Faserstoff(e) _____
Garn(e) _____
Flächenaufbau _____
Veredlung _____
Merkmale _____
Verwendung _____

Mille fleurs

Faserstoff(e) _____
Garn(e) _____
Flächenaufbau _____
Veredlung _____
Merkmale _____
Verwendung _____

Moiré

Faserstoff(e) _____
Garn(e) _____
Flächenaufbau _____
Veredlung _____
Merkmale _____
Verwendung _____

Mouliné

Faserstoff(e) _____
Garn(e) _____
Flächenaufbau _____
Veredlung _____
Merkmale _____
Verwendung _____

Oberstoffe: Mousseline bis Natté

Faserstoff(e) ____________________

Garn(e) ____________________

Flächenaufbau ____________________

Veredlung ____________________

Merkmale ____________________

Verwendung ____________________

Mousseline

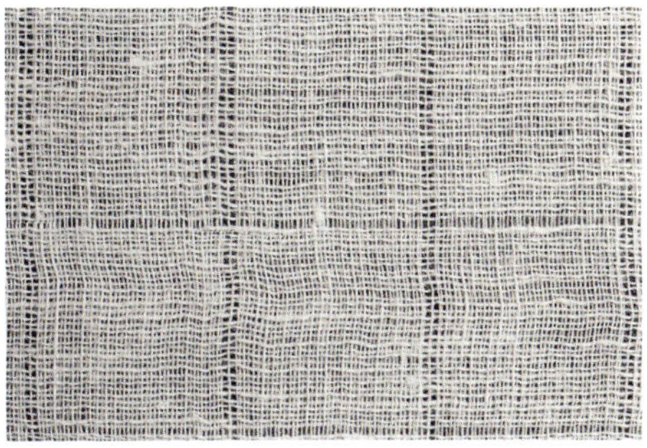

Faserstoff(e) ____________________

Garn(e) ____________________

Flächenaufbau ____________________

Veredlung ____________________

Merkmale ____________________

Verwendung ____________________

Mull

Faserstoff(e) ____________________

Garn(e) ____________________

Flächenaufbau ____________________

Veredlung ____________________

Merkmale ____________________

Verwendung ____________________

Nadelstreifen

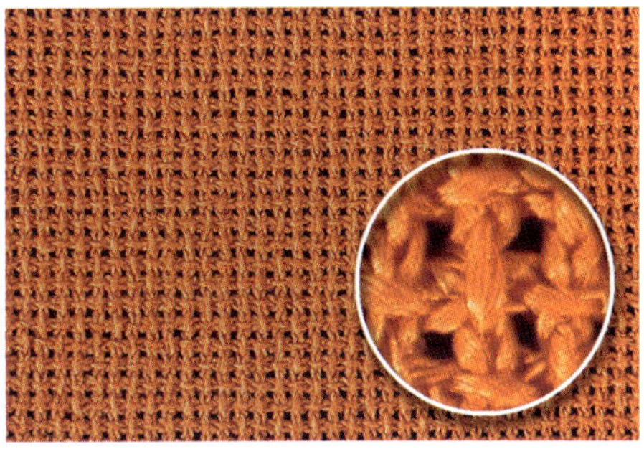

Faserstoff(e) ____________________

Garn(e) ____________________

Flächenaufbau ____________________

Veredlung ____________________

Merkmale ____________________

Verwendung ____________________

Natté

Oberstoffe: Nicki bis Organdy

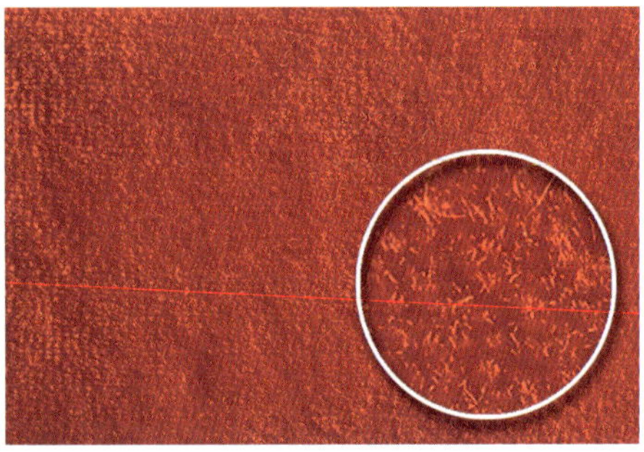

Nicki, Scherplüsch

Faserstoff(e) ____________________

Garn(e) ____________________

Flächenaufbau ____________________

Veredlung ____________________

Merkmale ____________________

Verwendung ____________________

Ombré, Taft ombré

Faserstoff(e) ____________________

Garn(e) ____________________

Flächenaufbau ____________________

Veredlung ____________________

Merkmale ____________________

Verwendung ____________________

Opalbatist

Faserstoff(e) ____________________

Garn(e) ____________________

Flächenaufbau ____________________

Veredlung ____________________

Merkmale ____________________

Verwendung ____________________

Organdy

Faserstoff(e) ____________________

Garn(e) ____________________

Flächenaufbau ____________________

Veredlung ____________________

Merkmale ____________________

Verwendung ____________________

Oberstoffe: Organza bis Panama

Faserstoff(e)

Garn(e)

Flächenaufbau

Veredlung

Merkmale

Verwendung

Organza

Faserstoff(e)

Garn(e)

Flächenaufbau

Veredlung

Merkmale

Verwendung

Ottoman

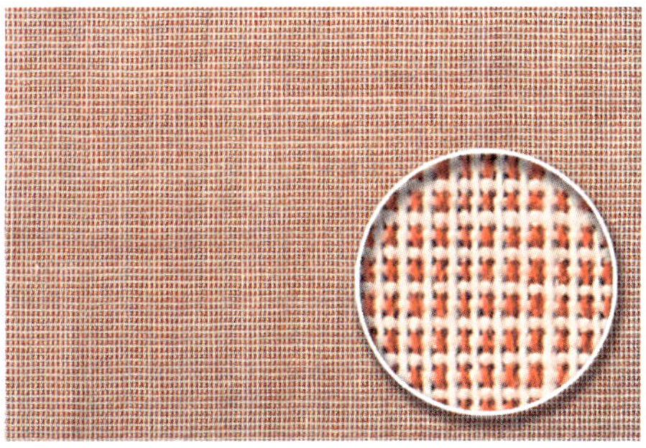

Faserstoff(e)

Garn(e)

Flächenaufbau

Veredlung

Merkmale

Verwendung

Oxford

Faserstoff(e)

Garn(e)

Flächenaufbau

Veredlung

Merkmale

Verwendung

Panama

Oberstoffe: Pannesamt bis Pikee-Maschenware

Pannesamt

Faserstoff(e) ______________________

Garn(e) ______________________

Flächenaufbau ______________________

Veredlung ______________________

Merkmale ______________________

Verwendung ______________________

Pepita

Faserstoff(e) ______________________

Garn(e) ______________________

Flächenaufbau ______________________

Veredlung ______________________

Merkmale ______________________

Verwendung ______________________

Perlfang, Halbfang

Faserstoff(e) ______________________

Garn(e) ______________________

Flächenaufbau ______________________

Veredlung ______________________

Merkmale ______________________

Verwendung ______________________

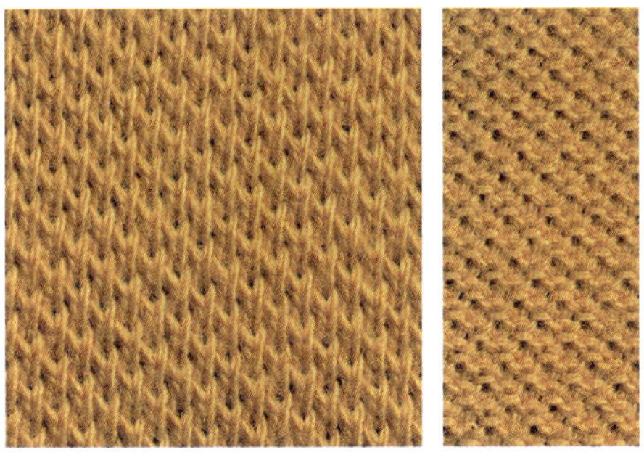

Pikee-Maschenware

Faserstoff(e) ______________________

Garn(e) ______________________

Flächenaufbau ______________________

Veredlung ______________________

Merkmale ______________________

Verwendung ______________________

Oberstoffe: Piqué bis Pongé

Piqué

Faserstoff(e) ______

Garn(e) ______

Flächenaufbau ______

Veredlung ______

Merkmale ______

Verwendung ______

Plissé

Faserstoff(e) ______

Garn(e) ______

Flächenaufbau ______

Veredlung ______

Merkmale ______

Verwendung ______

Plüsch

Faserstoff(e) ______

Garn(e) ______

Flächenaufbau ______

Veredlung ______

Merkmale ______

Verwendung ______

Pongé

Faserstoff(e) ______

Garn(e) ______

Flächenaufbau ______

Veredlung ______

Merkmale ______

Verwendung ______

Oberstoffe: Popeline bis Ratiné

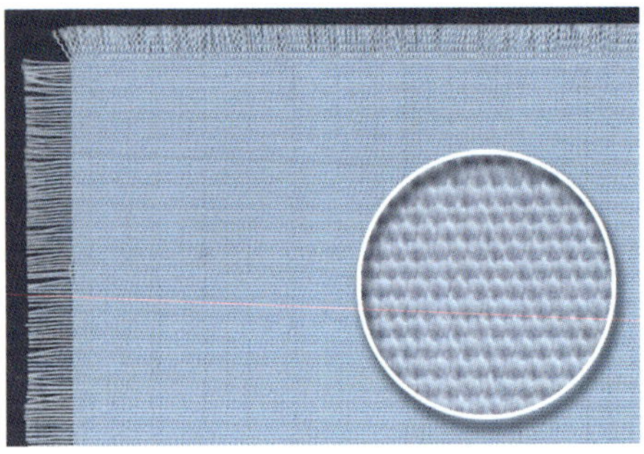

Popeline

Faserstoff(e) ______

Garn(e) ______

Flächenaufbau ______

Veredlung ______

Merkmale ______

Verwendung ______

Quadrillé, Satin quadrillé

Faserstoff(e) ______

Garn(e) ______

Flächenaufbau ______

Veredlung ______

Merkmale ______

Verwendung ______

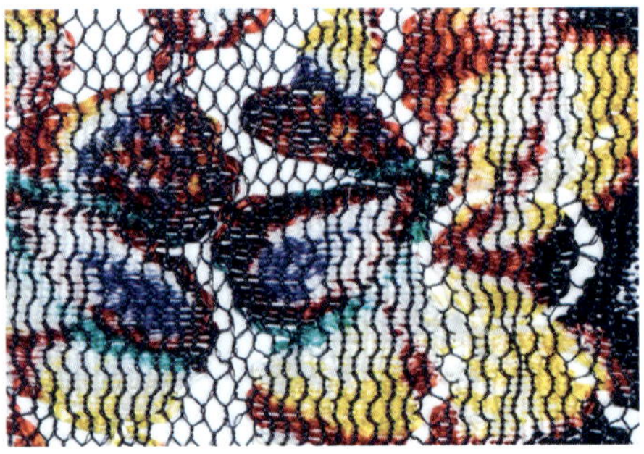

Raschelspitze

Faserstoff(e) ______

Garn(e) ______

Flächenaufbau ______

Veredlung ______

Merkmale ______

Verwendung ______

Ratiné

Faserstoff(e) ______

Garn(e) ______

Flächenaufbau ______

Veredlung ______

Merkmale ______

Verwendung ______

Faserstoff(e)

Garn(e)

Flächenaufbau

Veredlung

Merkmale

Verwendung

Rayé, Satin rayé

Faserstoff(e)

Garn(e)

Flächenaufbau

Veredlung

Merkmale

Verwendung

Rechts/Links-Plüsch, Fellimitation

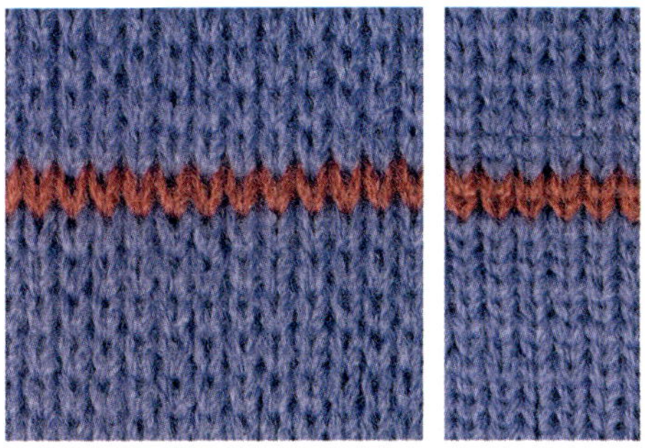

Faserstoff(e)

Garn(e)

Flächenaufbau

Veredlung

Merkmale

Verwendung

Relief-Maschenware, Halbschlauch

Faserstoff(e)

Garn(e)

Flächenaufbau

Veredlung

Merkmale

Verwendung

Renforcé

Oberstoffe: Reversible bis Samt

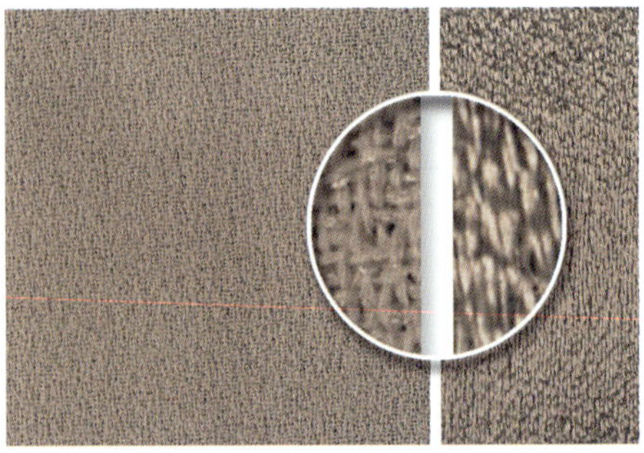

Reversible

Faserstoff(e) ____________________

Garn(e) ____________________

Flächenaufbau ____________________

Veredlung ____________________

Merkmale ____________________

Verwendung ____________________

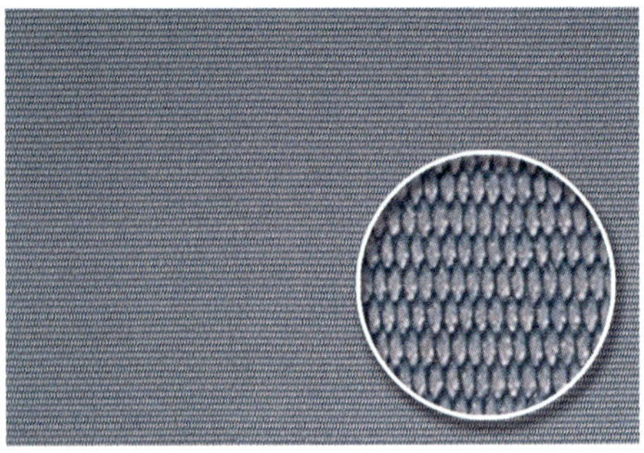

Rips, Querrips

Faserstoff(e) ____________________

Garn(e) ____________________

Flächenaufbau ____________________

Veredlung ____________________

Merkmale ____________________

Verwendung ____________________

Rips, Längsrips

Faserstoff(e) ____________________

Garn(e) ____________________

Flächenaufbau ____________________

Veredlung ____________________

Merkmale ____________________

Verwendung ____________________

Samt

Faserstoff(e) ____________________

Garn(e) ____________________

Flächenaufbau ____________________

Veredlung ____________________

Merkmale ____________________

Verwendung ____________________

Oberstoffe: Sandkrepp bis Saxony

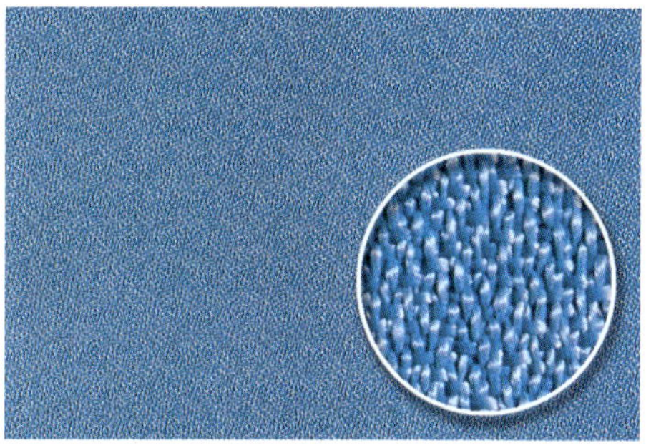

Sandkrepp, Sablé

Faserstoff(e) ____________________

Garn(e) ____________________

Flächenaufbau ____________________

Veredlung ____________________

Merkmale ____________________

Verwendung ____________________

Satin

Faserstoff(e) ____________________

Garn(e) ____________________

Flächenaufbau ____________________

Veredlung ____________________

Merkmale ____________________

Verwendung ____________________

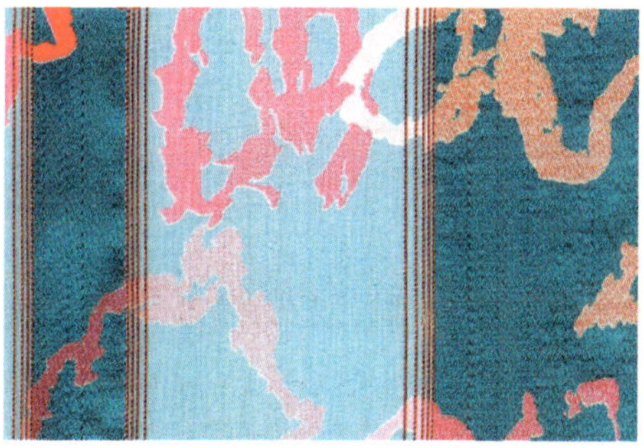

Satin-Chiffon rayé imprimé

Faserstoff(e) ____________________

Garn(e) ____________________

Flächenaufbau ____________________

Veredlung ____________________

Merkmale ____________________

Verwendung ____________________

Saxony

Faserstoff(e) ____________________

Garn(e) ____________________

Flächenaufbau ____________________

Veredlung ____________________

Merkmale ____________________

Verwendung ____________________

Oberstoffe: Scherli bis Seersucker

Faserstoff(e)

Garn(e)

Flächenaufbau

Veredlung

Merkmale

Verwendung

Scherli, Voile découpé

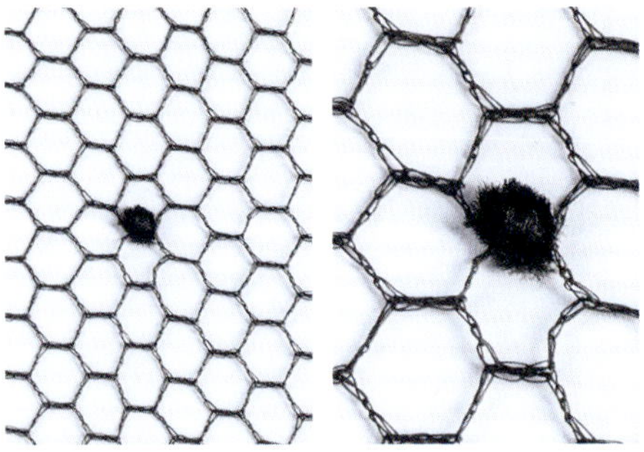

Faserstoff(e)

Garn(e)

Flächenaufbau

Veredlung

Merkmale

Verwendung

Schleiertüll, Tupfentüll

Faserstoff(e)

Garn(e)

Flächenaufbau

Veredlung

Merkmale

Verwendung

Schotten, Ecossais, Tartan

Faserstoff(e)

Garn(e)

Flächenaufbau

Veredlung

Merkmale

Verwendung

Seersucker

Oberstoffe: Serge bis Single-Jersey

Faserstoff(e) __________

Garn(e) __________

Flächenaufbau __________

Veredlung __________

Merkmale __________

Verwendung __________

Serge

Faserstoff(e) __________

Garn(e) __________

Flächenaufbau __________

Veredlung __________

Merkmale __________

Verwendung __________

Shantung

Faserstoff(e) __________

Garn(e) __________

Flächenaufbau __________

Veredlung __________

Merkmale __________

Verwendung __________

Shetland

Faserstoff(e) __________

Garn(e) __________

Flächenaufbau __________

Veredlung __________

Merkmale __________

Verwendung __________

Single-Jersey, Rechts/Links-Ware

Oberstoffe: Soielaine bis Surah

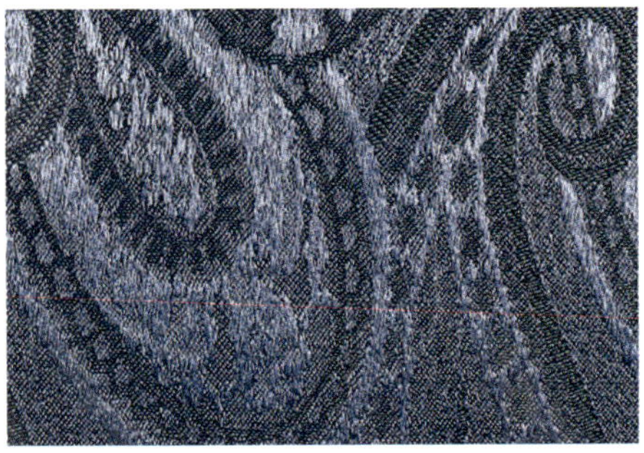

Soielaine-Satin

Faserstoff(e) ______

Garn(e) ______

Flächenaufbau ______

Veredlung ______

Merkmale ______

Verwendung ______

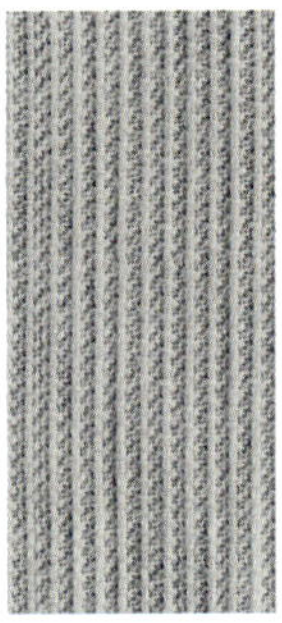

Streifenpikee, Piqué rayé

Faserstoff(e) ______

Garn(e) ______

Flächenaufbau ______

Veredlung ______

Merkmale ______

Verwendung ______

Streifensatin, Satin rayé

Faserstoff(e) ______

Garn(e) ______

Flächenaufbau ______

Veredlung ______

Merkmale ______

Verwendung ______

Surah

Faserstoff(e) ______

Garn(e) ______

Flächenaufbau ______

Veredlung ______

Merkmale ______

Verwendung ______

Oberstoffe: Taft bis Trikotine

Taft

Faserstoff(e) ______

Garn(e) ______

Flächenaufbau ______

Veredlung ______

Merkmale ______

Verwendung ______

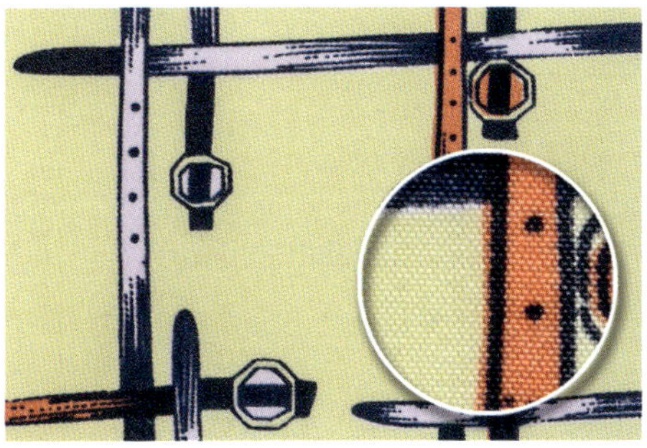

Toile

Faserstoff(e) ______

Garn(e) ______

Flächenaufbau ______

Veredlung ______

Merkmale ______

Verwendung ______

Travers, Toile travers

Faserstoff(e) ______

Garn(e) ______

Flächenaufbau ______

Veredlung ______

Merkmale ______

Verwendung ______

Trikotine

Faserstoff(e) ______

Garn(e) ______

Flächenaufbau ______

Veredlung ______

Merkmale ______

Verwendung ______

Tropical, Cool Wool

Faserstoff(e) ______

Garn(e) ______

Flächenaufbau ______

Veredlung ______

Merkmale ______

Verwendung ______

Tuch

Faserstoff(e) ______

Garn(e) ______

Flächenaufbau ______

Veredlung ______

Merkmale ______

Verwendung ______

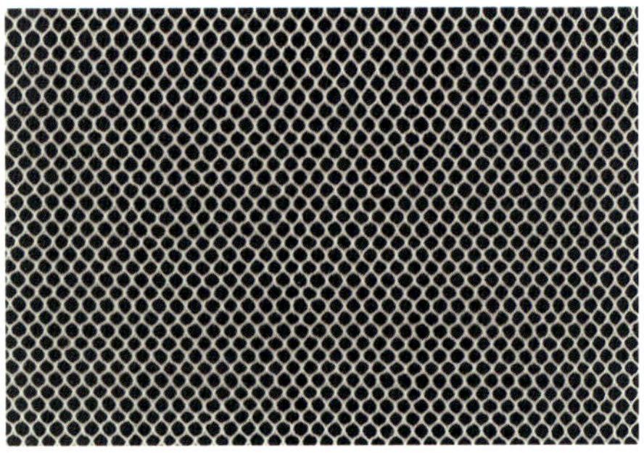

Tüll

Faserstoff(e) ______

Garn(e) ______

Flächenaufbau ______

Veredlung ______

Merkmale ______

Verwendung ______

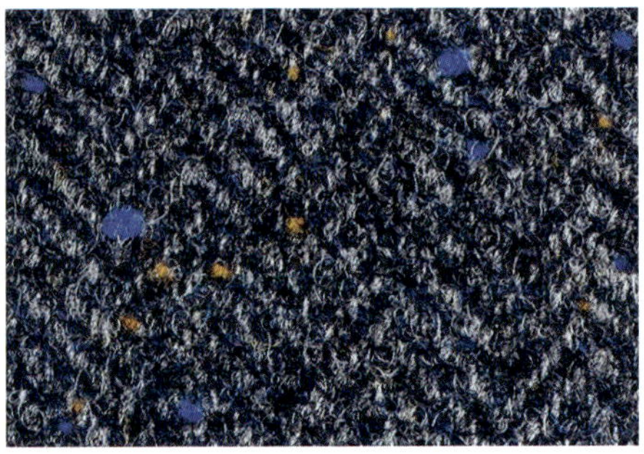

Tweed

Faserstoff(e) ______

Garn(e) ______

Flächenaufbau ______

Veredlung ______

Merkmale ______

Verwendung ______

Oberstoffe: Twill bis Velvet

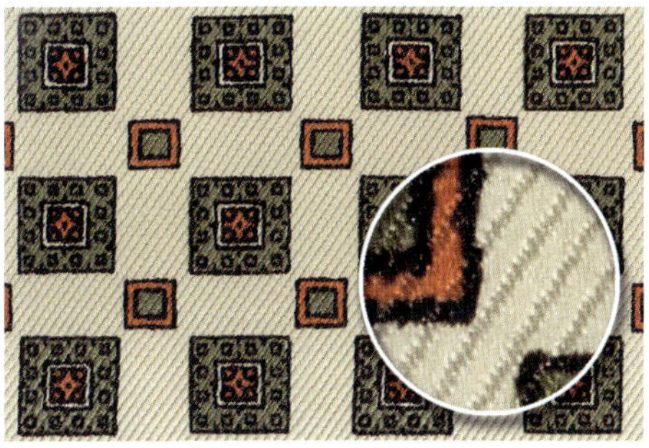

Twill

Faserstoff(e) ______________________

Garn(e) ______________________

Flächenaufbau ______________________

Veredlung ______________________

Merkmale ______________________

Verwendung ______________________

Twist

Faserstoff(e) ______________________

Garn(e) ______________________

Flächenaufbau ______________________

Veredlung ______________________

Merkmale ______________________

Verwendung ______________________

Velours

Faserstoff(e) ______________________

Garn(e) ______________________

Flächenaufbau ______________________

Veredlung ______________________

Merkmale ______________________

Verwendung ______________________

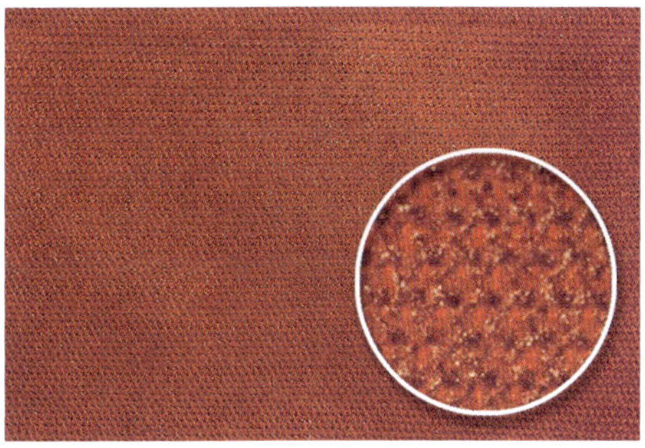

Velvet

Faserstoff(e) ______________________

Garn(e) ______________________

Flächenaufbau ______________________

Veredlung ______________________

Merkmale ______________________

Verwendung ______________________

Oberstoffe: Velveton bis Voile

Faserstoff(e)

Garn(e)

Flächenaufbau

Veredlung

Merkmale

Verwendung

Velveton

Faserstoff(e)

Garn(e)

Flächenaufbau

Veredlung

Merkmale

Verwendung

Vichy

Faserstoff(e)

Garn(e)

Flächenaufbau

Veredlung

Merkmale

Verwendung

Vogelauge, Pfauenauge

Faserstoff(e)

Garn(e)

Flächenaufbau

Veredlung

Merkmale

Verwendung

Voile

Oberstoffe: Voile rayé ombré bis Webstrickware

Voile rayé ombré

Faserstoff(e) ___

Garn(e) ___

Flächenaufbau ___

Veredlung ___

Merkmale ___

Verwendung ___

Waffelpikee

Faserstoff(e) ___

Garn(e) ___

Flächenaufbau ___

Veredlung ___

Merkmale ___

Verwendung ___

Walkloden

Faserstoff(e) ___

Garn(e) ___

Flächenaufbau ___

Veredlung ___

Merkmale ___

Verwendung ___

Webstrickware

Faserstoff(e) ___

Garn(e) ___

Flächenaufbau ___

Veredlung ___

Merkmale ___

Verwendung ___

Oberstoffe: Whipcord bis Zefir

Faserstoff(e)
Garn(e)
Flächenaufbau
Veredlung
Merkmale
Verwendung

Whipcord

Faserstoff(e)
Garn(e)
Flächenaufbau
Veredlung
Merkmale
Verwendung

Wildseide, Tussahseide

Faserstoff(e)
Garn(e)
Flächenaufbau
Veredlung
Merkmale
Verwendung

Wirkplüsch

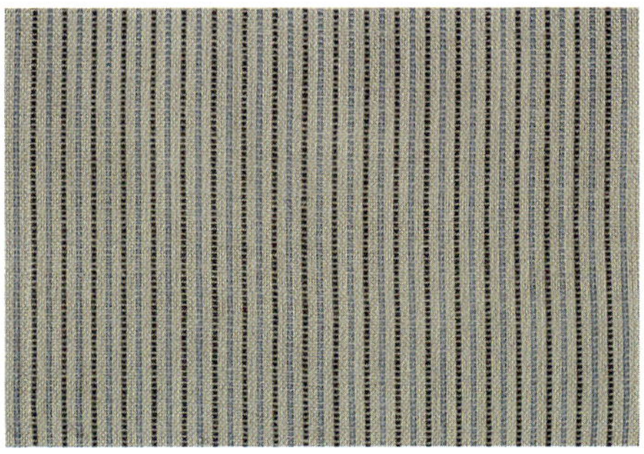

Faserstoff(e)
Garn(e)
Flächenaufbau
Veredlung
Merkmale
Verwendung

Zefir

Einlagestoffe: Baumwolleinlage bis Klötzelleinen

Baumwolleinlage

Faserstoff(e) ______________________

Garn(e) ______________________

Flächenaufbau ______________________

Veredlung ______________________

Merkmale ______________________

Verwendung ______________________

Bougram

Faserstoff(e) ______________________

Garn(e) ______________________

Flächenaufbau ______________________

Veredlung ______________________

Merkmale ______________________

Verwendung ______________________

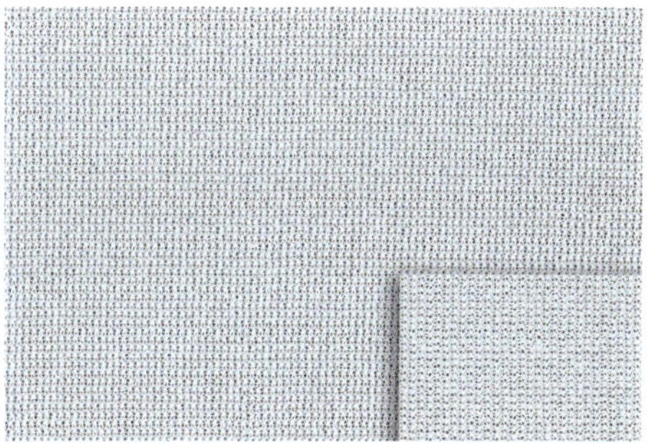

Charmeuse-Fixiereinlage

Faserstoff(e) ______________________

Garn(e) ______________________

Flächenaufbau ______________________

Veredlung ______________________

Merkmale ______________________

Verwendung ______________________

Klötzelleinen

Faserstoff(e) ______________________

Garn(e) ______________________

Flächenaufbau ______________________

Veredlung ______________________

Merkmale ______________________

Verwendung ______________________

Einlagestoffe: Polyquick® bis verstärkte Vlieseinlage

Faserstoff(e) ______

Garn(e) ______

Flächenaufbau ______

Veredlung ______

Merkmale ______

Verwendung ______

Polyquick®

Faserstoff(e) ______

Garn(e) ______

Flächenaufbau ______

Veredlung ______

Merkmale ______

Verwendung ______

Rascheleinlage

Faserstoff(e) ______

Garn(e) ______

Flächenaufbau ______

Veredlung ______

Merkmale ______

Verwendung ______

Rosshaareinlage

Faserstoff(e) ______

Garn(e) ______

Flächenaufbau ______

Veredlung ______

Merkmale ______

Verwendung ______

Verstärkte Vlieseinlage

Einlagestoffe: Watteline bis Wolleinlage

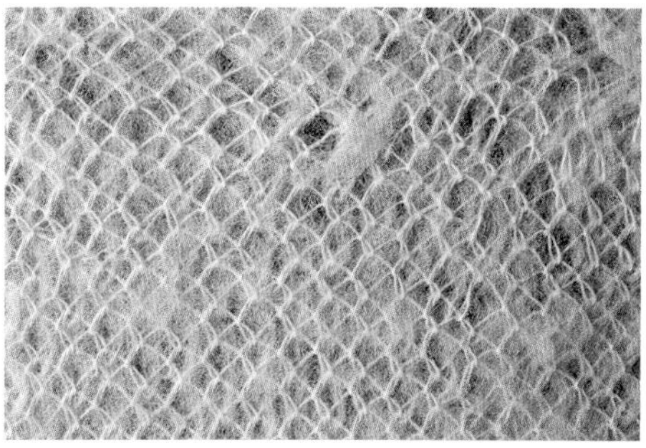

Faserstoff(e) ______

Garn(e) ______

Flächenaufbau ______

Veredlung ______

Merkmale ______

Verwendung ______

Watteline

Faserstoff(e) ______

Garn(e) ______

Flächenaufbau ______

Veredlung ______

Merkmale ______

Verwendung ______

Wolleinlage

Faserstoff(e) ______

Garn(e) ______

Flächenaufbau ______

Veredlung ______

Merkmale ______

Verwendung ______

Faserstoff(e) ______

Garn(e) ______

Flächenaufbau ______

Veredlung ______

Merkmale ______

Verwendung ______

Futterstoffe: Ärmelfutter bis Futterserge

Faserstoff(e)

Garn(e)

Flächenaufbau

Veredlung

Merkmale

Verwendung

Ärmelfutter

Faserstoff(e)

Garn(e)

Flächenaufbau

Veredlung

Merkmale

Verwendung

Charmeuse-Futter

Faserstoff(e)

Garn(e)

Flächenaufbau

Veredlung

Merkmale

Verwendung

Croisé changeant rayé

Faserstoff(e)

Garn(e)

Flächenaufbau

Veredlung

Merkmale

Verwendung

Futterserge

Futterstoffe: Moleskin bis Pongé Venezia®

Faserstoff(e) ______

Garn(e) ______

Flächenaufbau ______

Veredlung ______

Merkmale ______

Verwendung ______

Moleskin

Faserstoff(e) ______

Garn(e) ______

Flächenaufbau ______

Veredlung ______

Merkmale ______

Verwendung ______

Plaidfutter

Faserstoff(e) ______

Garn(e) ______

Flächenaufbau ______

Veredlung ______

Merkmale ______

Verwendung ______

Pocketing

Faserstoff(e) ______

Garn(e) ______

Flächenaufbau ______

Veredlung ______

Merkmale ______

Verwendung ______

Pongé Venezia®

Futterstoffe: Steppfutter bis Unterkragenfilz

Faserstoff(e) ____________________

Garn(e) ____________________

Flächenaufbau ____________________

Veredlung ____________________

Merkmale ____________________

Verwendung ____________________

Steppfutter

Faserstoff(e) ____________________

Garn(e) ____________________

Flächenaufbau ____________________

Veredlung ____________________

Merkmale ____________________

Verwendung ____________________

Taft changeant façonné

Faserstoff(e) ____________________

Garn(e) ____________________

Flächenaufbau ____________________

Veredlung ____________________

Merkmale ____________________

Verwendung ____________________

Taft imprimé

Faserstoff(e) ____________________

Garn(e) ____________________

Flächenaufbau ____________________

Veredlung ____________________

Merkmale ____________________

Verwendung ____________________

Unterkragenfilz

Faserstoff(e)

Garn(e)

Flächenaufbau

Veredlung

Merkmale

Verwendung

Faserstoff(e)

Garn(e)

Flächenaufbau

Veredlung

Merkmale

Verwendung

Faserstoff(e)

Garn(e)

Flächenaufbau

Veredlung

Merkmale

Verwendung

Faserstoff(e)

Garn(e)

Flächenaufbau

Veredlung

Merkmale

Verwendung

Faserstoff(e)

Garn(e)

Flächenaufbau

Veredlung

Merkmale

Verwendung

Faserstoff(e)

Garn(e)

Flächenaufbau

Veredlung

Merkmale

Verwendung

Faserstoff(e)

Garn(e)

Flächenaufbau

Veredlung

Merkmale

Verwendung

Faserstoff(e)

Garn(e)

Flächenaufbau

Veredlung

Merkmale

Verwendung